全国中等职业学校汽车类专业通用

全国技工院校汽车类专业通用（中级技能层级）

机械识图课教学设计方案
——与《机械识图（第四版）》配套

中国劳动社会保障出版社

简介

本书是全国中等职业学校汽车类专业通用教材 / 全国技工院校汽车类专业通用教材（中级技能层级）《机械识图（第四版）》的配套用书，供教师教学使用。

本书按照教材顺序编写，内容安排力求体现教材的编写意图，以期为教师授课提供多方面的帮助。书中包括“学时分配表”“教学目标”“教学重点”“教学难点”“教学建议”“教学设计方案”等内容，最后附有《机械识图（第四版）习题册》参考答案。

本书由刘涛任主编，丁青任副主编，公茂金、温秀华、狄菲菲、徐桃、解纯玉、任鹏、赵向阳、朱凤波参与编写。

图书在版编目（CIP）数据

机械识图课教学设计方案：与《机械识图（第四版）》配套 / 刘涛主编 . -- 北京：中国劳动社会保障出版社，2022

全国中等职业学校汽车类专业通用 全国技工院校汽车类专业通用 . 中级技能层级

ISBN 978-7-5167-5458-0

Ⅰ. ①机… Ⅱ. ①刘… Ⅲ. ①机械图 - 识图 - 中等专业学校 - 教材 Ⅳ. ①TH126.1

中国版本图书馆 CIP 数据核字（2022）第 144582 号

中国劳动社会保障出版社出版发行

（北京市惠新东街 1 号 邮政编码：100029）

*

北京市白帆印务有限公司印刷装订 新华书店经销

787 毫米 ×1092 毫米 16 开本 9.5 印张 183 千字

2022 年 9 月第 1 版 2022 年 9 月第 1 次印刷

定价：16.00 元

读者服务部电话：（010）64929211/84209101/64921644

营销中心电话：（010）64962347

出版社网址：http：//www.class.com.cn

http：//jg.class.com.cn

目录

绪论……001
第一章 制图基本规定……004
§1-1 图纸幅面、比例和字体……005
§1-2 图线……006
§1-3 尺寸标注……007
§1-4 简单平面图形……009
第二章 正投影作图……012
§2-1 三视图……014
§2-2 基本体……018
§2-3 圆柱的截割与相贯……023
§2-4 轴测图……028
§2-5 组合体……033
第三章 机械图样的基本表示法……038
§3-1 视图……040
§3-2 剖视图……044
§3-3 断面图……056
§3-4 其他表示法……061
第四章 常用零部件和结构要素的特殊表示法……064
§4-1 螺纹及螺纹紧固件的表示法……065
§4-2 齿轮的画法……072
§4-3 键连接和销连接的画法……076
§4-4 滚动轴承的画法……079

第五章　零件图……081
§5-1　零件图概述……082
§5-2　零件表达方案的选择……083
§5-3　零件图的尺寸标注……084
§5-4　零件图上的技术要求……085
§5-5　识读零件图……089
第六章　装配图……094
§6-1　装配图概述……095
§6-2　装配图画法……096
§6-3　装配图的尺寸标注和技术要求……097
§6-4　装配图中零部件的序号和明细栏……098
§6-5　识读装配图……099
第七章　展开图……101
§7-1　线段实长的求法……102
§7-2　柱体的展开……103
§7-3　锥体的展开……105
§7-4　上圆下方构件的展开……105
第八章　焊接图……108
§8-1　焊缝的表示方法……109
§8-2　焊缝的标注方法……110
§8-3　识读焊接图……111
《机械识图（第四版）习题册》参考答案……113

绪 论

学时分配表

教学单元	教学内容	建议学时
绪论	一、本课程的研究对象 二、本课程的主要任务和学习方法	0.25
	三、尺规绘图工具及其使用方法	0.75
	总计	1

教学目标

1. 了解本课程的研究对象、主要内容。
2. 掌握本课程的学习方法。
3. 初步认识图样。
4. 能使用三角板、圆规等绘图工具。

教学重点

1. 本课程的重要性。
2. 学习本课程的方法。
3. 削铅笔的方法与要求。
4. 铅笔、丁字尺、三角板、圆规等绘图工具的使用方法。

教学难点

让学生认识到学好本课程的重要性，激发学生的学习兴趣和探索欲。

教学建议

1. 教师向学生展示机械图样或往届学生的作业，让学生对本课程有初步认识，树立学好本课程的信心。

2. 教师上课时尽量多联系生产实际，激发学生学习的积极性，使学生养成严格遵守国家标准的习惯，具备耐心、一丝不苟的优良作风，掌握良好的学习方法。

3. 教师引导学生正确使用绘图工具，以提高绘图质量和绘图速度。

教学设计方案

<table>
<tr><td>教师姓名</td><td></td><td>授课班级</td><td></td><td>授课日期</td><td></td></tr>
<tr><td>授课章节</td><td colspan="5">绪论</td></tr>
<tr><td>教具</td><td colspan="2">绘图工具、课件等</td><td>教学方法</td><td colspan="2">问题导向法、讲授法等</td></tr>
<tr><td colspan="4">教学设计</td><td>教师活动</td><td>学生活动</td></tr>
<tr><td colspan="4">【提出问题一】
1. 本课程的性质是什么？
2. 本课程的研究对象是什么？
3. 什么是机械图样？
4. 工程上常见的机械图样一般有哪些？</td><td>向学生展示机械图样或往届学生的作业</td><td>查阅相关资料</td></tr>
<tr><td colspan="4">【解答问题】
学生自主学习相关内容并进行小组讨论，分组回答问题。</td><td>指导学生查阅资料，教师提示、引导</td><td>小组讨论、回答问题</td></tr>
<tr><td colspan="4">【评价补充】
教师根据问题回答情况对各小组评分，及时解释、说明问题回答过程中的不足。</td><td>教师评价、总结</td><td>认真听讲、整理笔记</td></tr>
<tr><td colspan="4">【提出问题二】
1. 本课程的主要任务是什么？
2. 本课程的学习方法有哪些？</td><td></td><td>查阅相关资料</td></tr>
<tr><td colspan="4">【解答问题】
学生自主学习相关内容，小组讨论后，分组回答问题。
【评价补充】
教师强调学生在学习过程中要多读图、多想象、多绘图，通过独立完成作业培养和提高学生空间想象能力及思维能力。</td><td></td><td></td></tr>
</table>

续表

<table>
<tr><th colspan="2">教学设计</th><th>教师活动</th><th>学生活动</th></tr>
<tr><td colspan="2">【提出问题三】
1. 图板、丁字尺、三角板、圆规的作用分别是什么？如何使用？
2. 铅笔的软硬度用什么符号表示？不同图线怎样选择铅笔的软硬度？
【解答问题】
学生自主学习相关内容，小组讨论后，分组回答问题并演示使用方法。
【评价补充】
根据问题回答情况对各小组评分，及时解释、说明问题回答过程中的不足。</td><td>展示实物或多媒体课件

教师提示、引导</td><td>小组讨论、回答问题

认真听讲、整理笔记</td></tr>
<tr><td>课后作业</td><td colspan="3">绪论部分对应习题册</td></tr>
<tr><td>教学反思</td><td colspan="3"></td></tr>
</table>

第一章 制图基本规定

学时分配表

教学单元	教学内容	建议学时
制图基本规定	§1-1 图纸幅面、比例和字体	1
	§1-2 图线	1
	§1-3 尺寸标注	2
	§1-4 简单平面图形	2
	总计	6

教学目标

1. 了解国家标准关于图纸幅面、比例和字体的基本规定。
2. 了解国家标准关于机械图样常用线型及其应用的基本规定。
3. 掌握国家标准关于机械图样常用线型的规定画法。
4. 掌握国家标准关于尺寸标注的基本规则、尺寸的组成及常用尺寸的标注方法。

教学重点

1. 图线、图纸幅面、比例、字体及尺寸标注等国家标准的有关规定。
2. 圆周的等分、斜度锥度的画法和简单图形的绘制。

教学难点

1. 图线画法。
2. 尺寸标注的基本规则。
3. 圆周的等分。

教学建议

1. 教师通过展示零件图或装配图，让学生初步了解图纸幅面、各种线型及其应用、比例、字体、尺寸标注。

2. 在讲述图纸幅面和格式时，要强调看图方向的两种规定，还需要强调，绘图方向与看图方向是一致的。比例的概念要讲清楚，比例是“图：物”，要强调图形无论放大或缩小，尺寸均应按机件的实际尺寸标注。学生在学习字体时往往不重视字体的规范，所以教师应进行示范，师生同步书写，指导学生做课堂练习，并及时检查、讲评，纠正学生的错误。先要求学生掌握最常用的四种图线（粗实线、细实线、细点画线和细虚线）的线型、名称、宽度、主要用途及画法，其余的只做一般了解，在后续的教学中再让学生逐步掌握。讲解尺寸标注这部分内容时，首先强调尺寸标注的重要性，对照教材讲解尺寸界线、尺寸线的概念，强调尺寸线不能用其他图线代替，也不得与其他图线重合，重点讲解箭头的画法并进行示范，说明线性尺寸数字的书写方向及特例和注意事项。

3. 教师应反复强调国家标准的严肃性和权威性，使学生树立标准化意识。教师结合学生练习情况，找出普遍存在的问题集中纠正，让学生逐步掌握该部分内容。

教学设计方案

教师姓名		授课班级		授课日期	
授课章节	第一章　制图基本规定　§1-1　图纸幅面、比例和字体				
教具	绘图工具、课件、图样等		教学方法	问题导向法、讲授法等	
教学设计				教师活动	学生活动
§1-1　图纸幅面、比例和字体 **【提出问题一】** 1. 国家标准规定的图纸基本幅面有几种？代号是什么？最小的是哪个？ 2. 如教材图 1-1 所示，解释各图表达的图框格式。 3. 标题栏主要有哪些内容？标题栏一般在图纸的哪个位置？				讲解国家标准中规定的图纸幅面和标题栏	查阅相关资料

续表

教学设计	教师活动	学生活动
【解答问题】 学生自主学习相关内容，小组讨论后，分组回答问题。 【评价补充】 强调看图方向，读图时是否可能出现将“66”读为“99”。 【提出问题二】 1. 什么叫比例？比例有哪些种类？ 2. 教材图 1–4 说明了什么？ 3. 图样中的汉字规定用哪种字体？数字、字母书写基本要求有哪些？ 【解答问题】 学生自主学习相关内容，小组讨论后，分组回答问题。	教师提示、引导 强调国家标准的严肃性和权威性，使学生树立标准化意识 展示图样	小组讨论、回答问题 认真听讲、整理笔记 学生测量课本，按比例绘制一个长方形 小组讨论、回答问题

教师姓名		授课班级		授课日期	
授课章节	第一章　制图基本规定　§1–2　图线				
教具	绘图工具、课件、图样等		教学方法	问题导向法、讲授法等	

教学设计	教师活动	学生活动
§1–2　图　线 【提出问题】 1. 阅读教材表 1–3，指出表中各种图线的名称、用途及规定画法。 2. 结合教材图 1–6 和教材表 1–4，指出细点画线的画法规定及图线在相交、相接、相切时的画法规定。	 教师提示、引导 展示图样	 找出图中的各种图线

续表

教学设计	教师活动	学生活动
【解答问题】 学生自主学习相关内容，小组讨论后，分组回答问题。 【评价补充】 教师示范各图线的画法。		小组讨论、回答问题

教师姓名		授课班级		授课日期	
授课章节	第一章　制图基本规定　§1–3　尺寸标注				
教具	绘图工具、课件、图样等	教学方法	问题导向法、讲授法等		

教学设计	教师活动	学生活动
§1–3　尺寸标注 【任务内容】 完成下图的尺寸标注。 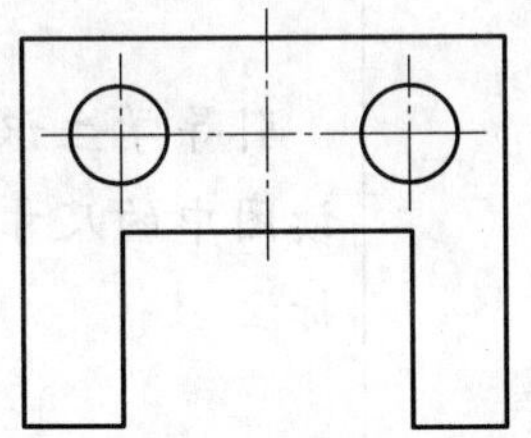 【任务分析】 进行尺寸标注时必须严格遵守国家标准中关于尺寸的标注原则和标注方法。结合该零件的结构及其在图样中的布置进行标注。 【任务实施】 在教师指导下，分组讨论制定最佳作图方案，一般按定形尺寸、定位尺寸、总体尺寸的顺序进行标注。	展示图样，让学生带着问题到教材中去寻找答案，然后再做适当讲解	

续表

<table>
<tr><th>教学设计</th><th>教师活动</th><th>学生活动</th></tr>
<tr><td>1．标注定形尺寸（由内到外）。 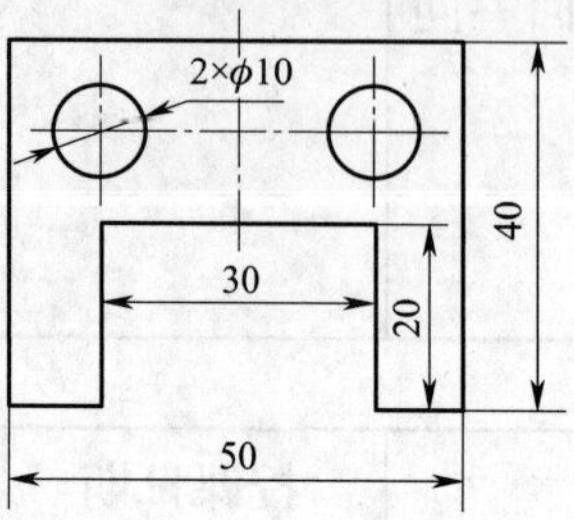

2．标注定位尺寸。
3．标注总体尺寸（尺寸50、尺寸40）。 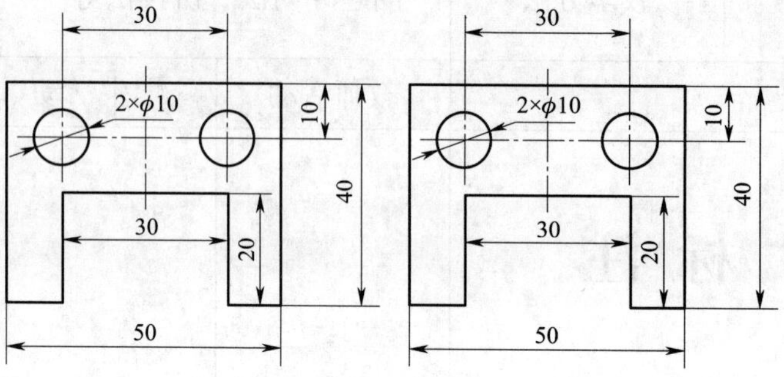
</td><td>教师带领学生练习绘图，并指导学生标注尺寸</td><td>学生在教师指导下练习绘图</td></tr>
<tr><td>【任务评价】
小组自评或互评任务完成情况，向全班展示评价最优的小组。</td><td></td><td>小组讨论，整理笔记</td></tr>
<tr><td>【拓展任务】
识读下图中的尺寸标注。 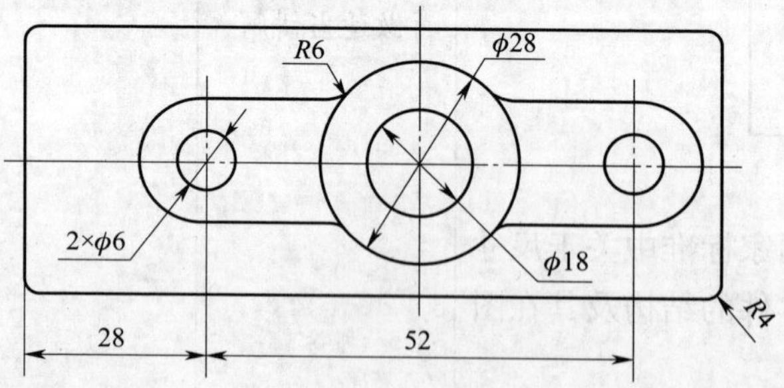
</td><td>引导学生识读图中的尺寸标注</td><td>区分图中的定形尺寸、定位尺寸和总体尺寸</td></tr>
<tr><td>【解答问题】
学生自主学习相关内容，小组讨论后，分组回答问题。
【任务小结】
必要时教师应示范尺寸标注。</td><td></td><td></td></tr>
</table>

<table>
<tr><td>教师姓名</td><td></td><td>授课班级</td><td></td><td>授课日期</td><td></td></tr>
<tr><td>授课章节</td><td colspan="5">第一章　制图基本规定　§1-4　简单平面图形</td></tr>
<tr><td>教具</td><td colspan="2">绘图工具、课件、图样等</td><td>教学方法</td><td colspan="2">问题导向法、讲授法等</td></tr>
<tr><td colspan="4">教学设计</td><td>教师活动</td><td>学生活动</td></tr>
<tr><td colspan="4">

§1-4　简单平面图形

任务一　绘制正六边形

【任务内容】

绘制下图所示正六边形。

【任务分析】

正六边形的六个顶点所在的圆称为外接圆，使用绘图工具确定出圆的六等分点后用直线首尾连接便得到正六边形。

【任务实施】

1．分别以圆的最高、最低点为圆心，以圆的半径为半径绘制圆弧并与圆周相交，得到4个交点，另外加上两圆弧的圆心，共6个点，即为圆的6个等分点。

</td><td>教师指导学生制定最佳的绘图方案，一般先绘制底图，擦除多余的图线，最后描深</td><td>分组讨论，在教师指导下绘图</td></tr>
</table>

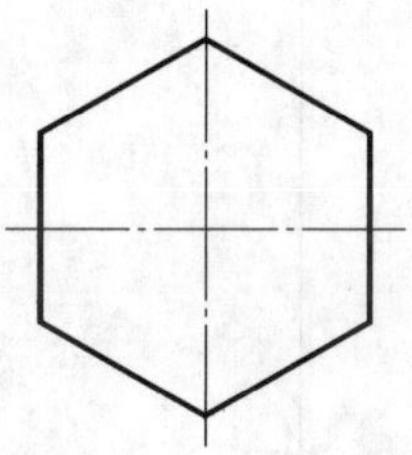

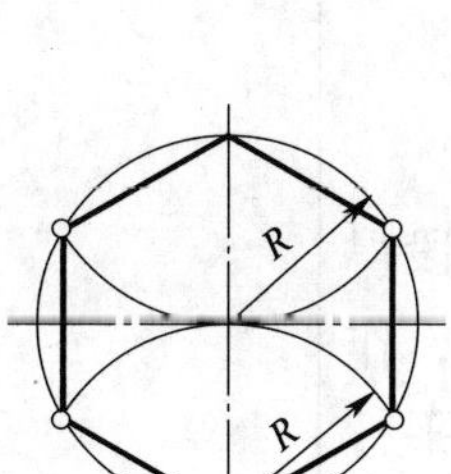

续表

教学设计	教师活动	学生活动
2. 用直线首尾连接6个等分点，得到正六边形。 【任务评价】 小组自评或互评任务完成情况，向全班展示评价最优的小组。 【拓展任务】 按下图给定的尺寸抄画图形（1∶1）并标注尺寸。 7　φ27　φ12　φ50	引导学生绘制并标注尺寸	练习绘图并标注尺寸
任务二　斜度、锥度的画法 【任务内容】 绘制斜度、锥度并标注。 ∠1∶6　15　60　1∶3　φ30　60 【任务分析】 绘制斜度和锥度时，均先由已知尺寸作已知线段得到已知点，再分别从水平和垂直方向取单位长度，作斜度和锥度的辅助线，最后过已知点作辅助线的平行线并完成全图。	布置学习任务	接受任务

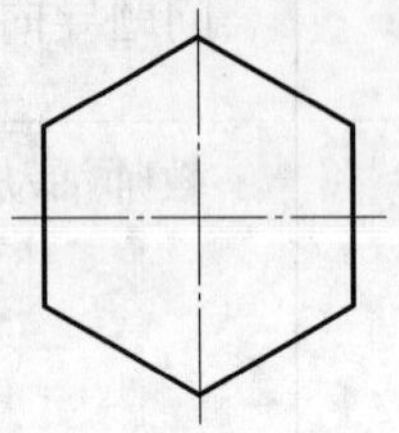

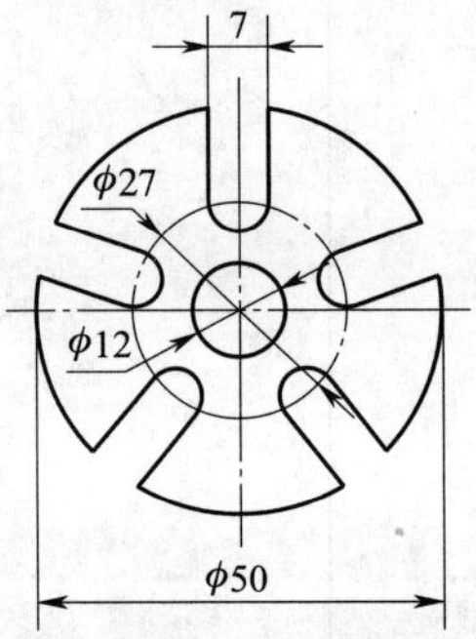

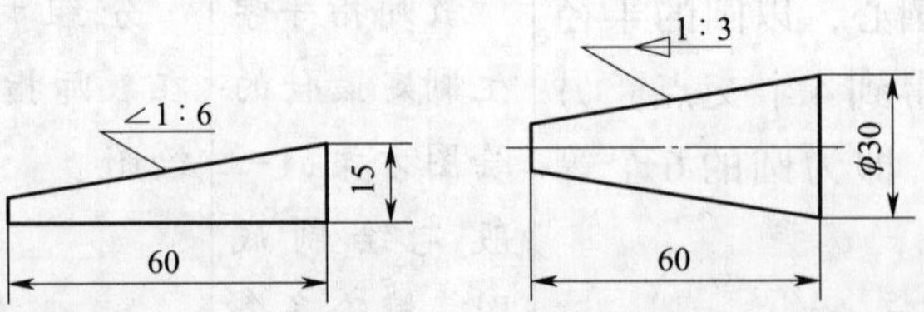

续表

教学设计	教师活动	学生活动
【任务实施】 见教材表 1–8。 【任务评价】 小组自评或互评任务完成情况，向全班展示评价最优的小组。	教师指导学生制定最佳的绘图方案	分组讨论，在教师指导下绘图
任务三　绘制支架平面图 【任务内容】 绘制教材图 1–9 所示的支架平面图形。 【任务分析】 支架的外轮廓是由 8 段直线和两个 1/4 圆弧首尾连接组成的，圆弧轮廓与支架上的孔同心，整体为轴对称图形。	教师展示模型实物或通过多媒体展示	接受任务
【任务实施】 任务实施过程详见教材表 1–9。 【任务评价】 小组自评或互评任务完成情况，向全班展示评价最优的小组。	教师指导学生制定最佳作图方案，一般按先主后次的顺序，先画主要部分，后画次要部分；先画圆或圆弧，后画直线；先绘制底图，擦除多余的图线，最后描深	分组讨论，在教师指导下绘图
【拓展任务】 完成教材 P21 的思考并作图。	教师提示、引导	
课后作业	本章对应习题册	
教学反思		

第二章 正投影作图

学时分配表

教学单元	教学内容	建议学时
正投影作图	§2–1　三视图	2
	§2–2　基本体	4
	§2–3　圆柱的截割与相贯	2
	§2–4　轴测图	2
	§2–5　组合体	6
	总计	16

教学目标

1. 正确理解正投影的原理及其基本性质。
2. 理解三视图的形成过程，掌握三视图的概念和三视图的投影规律。
3. 初步掌握三视图的绘图方法，能运用三视图投影规律绘制和识读较简单形体的三视图。
4. 通过绘制和识读较简单形体的三视图，初步培养学生的空间思维能力。
5. 熟悉基本体的结构特点。
6. 能绘制基本体的三视图并能标注尺寸。
7. 能运用基本体三视图特征，正确识读各种基本体的三视图。
8. 通过绘制并识读基本体的三视图，进一步培养学生的空间思维能力。
9. 理解圆柱截交线的形成及其三种不同类型，并掌握其画法及作图步骤。
10. 理解圆柱相贯线的形成及各种不同情况，并掌握其画法及作图步骤。

11. 能识读图形中的圆柱截交线及相贯线。
12. 了解正等轴测图及斜二轴测图的形成、特点。
13. 掌握正等轴测图及斜二轴测图的画法、应用。
14. 能识读简单形体的正等轴测图及斜二轴测图。
15. 了解组合体的组合形式及表面连接关系。
16. 掌握组合体表面连接处的画法。
17. 掌握组合体三视图的绘制、识读及尺寸标注的方法和步骤。
18. 进一步提高识图能力、绘图能力及空间想象能力。

教学重点

1. 正投影的概念及其基本性质，三视图的投影规律。
2. 三视图的绘图方法及步骤。
3. 基本体三视图的绘制、识读及尺寸标注。
4. 圆柱截交线、相贯线的画法及作图步骤。
5. 正等轴测图及斜二轴测图的画法、应用。
6. 组合体三视图的绘制、识读及尺寸标注的方法、步骤。

教学难点

1. 三视图的“三等”规律和六向方位关系。
2. 基本体三视图的识读。
3. 截交线与相贯线逐点求取的方法。
4. 平行于坐标面的圆的正等轴测画法。
5. 组合体表面连接处的画法。
6. 尺寸的正确、完整、清晰标注。

教学建议

1. 贯彻直观教学原则，多借助模型和多媒体等教学手段，由浅入深地教学，使学生逐步建立空间概念。

2. 保证课堂练习和课后作业的质量，根据学生知识掌握的情况，灵活控制教学进度，调整讲课和练习的比例，保证学生学会、弄懂，为后面的学习打好基础。可采取加强个别学生作业辅导、及时进行作业情况讲评、建立奖励机制等措施。

3. 要加强作图方法和步骤的教学，使学生养成良好的作图习惯，逐步提高作图技能。从三视图、基本体到组合体，教师都要充分利用教材中的“表格”，让学生把其中的内容真正落实到作业中。

教学设计方案

<table>
<tr><td>教师姓名</td><td></td><td>授课班级</td><td></td><td>授课日期</td><td></td></tr>
<tr><td>授课章节</td><td colspan="5">第二章　正投影作图　§2–1　三视图</td></tr>
<tr><td>教具</td><td colspan="2">绘图工具、模型、课件等</td><td>教学方法</td><td colspan="2">任务驱动法、讲授法等</td></tr>
<tr><td colspan="4">教学设计</td><td>教师活动</td><td>学生活动</td></tr>
<tr><td colspan="4">【课程导入】
图 1　　图 2
图 1 属于“正投影图”，也叫“视图”，图 2 叫“轴测图”。对它们的优缺点做简单对比，指出“正投影图”是机械图样的主要表达方式，是本章的主要学习内容。
对照模型，进一步引导学生思考，图 1 是由三个图组成的，这三个图是根据什么原理画出的？由此引入三视图。

§2–1　三　视　图

任务一　绘制物体的三视图</td><td>教师在黑板上准确、快速地画出这两个图，并展示模型。一是教师要向学生展示扎实的基本功以激发学生的学习兴趣，二是起示范作用</td><td>学生观察并思考以下问题：
1. 图1、图2 表达的是同一个模型吗
2. 这两个图有什么不同</td></tr>
<tr><td colspan="4">【任务引入】
一个视图只能表达物体一个面的形状，不能完整地表达物体的全部形状，如物体顶面和侧面的形状无法反映。因此，需要从物体的几个方向进行投射，绘制出多面视图，才能完整、准确地表达物体的形状。</td><td>展示图样，引入新课</td><td>积极思考</td></tr>
</table>

续表

教学设计	教师活动	学生活动
【任务内容】 绘制教材图 2-9 所示物体的三视图。 【任务分析】 1. 分析该物体的结构特点。 2. 思考：若该物体在三投影面体系中的放置位置及投射方向如教材图 2-9 所示，则物体的三面投影应是什么形状，怎么画？ 【相关知识】 1. 三视图是如何形成的，三视图之间有哪些对应关系？ 2. 如何绘制三视图？ 【任务实施】 分组讨论，在教师指导下，制定作图方案，作图步骤见教材表 2-2。 【任务评价】 小组自评或互评任务完成情况，将最优者做展评。 【拓展任务】 1. 根据下列轴测图、立体图绘制三视图。 2. 根据简单模型绘制三视图。 材料：简单零件模型若干。 方法：分组教学，将全班学生分为若干组，每组 5 ~ 6 人，每组分 1 ~ 2 个模型。画图过程中所需尺寸可用三角板、圆规等工具大致量取，不必要求精确。	演示作图过程 布置任务	在教师引导下绘图 小组讨论、回答问题 认真听讲、整理笔记 完成任务

续表

教学设计	教师活动	学生活动
任务二　根据两视图补画第三视图 【任务引入】 由三视图的投影规律可知，三个视图中的任何两个图都能反映物体的长、宽、高三个方向的尺寸，因此，根据任意两个视图都可以补画出第三个视图。 【任务内容】 教材图 2–10 所示为一物体的主视图和俯视图，试补画其左视图。 【任务分析】 该物体由均为长方体的底板和竖板组成，竖板左上角有三角形切口。根据主、俯视图，由“主、左视图高平齐，俯、左视图宽相等”的尺寸关系，即可画出左视图。	展示模型实物或通过多媒体展示，给学生直观感受	学生接受任务并分析
【相关知识】 1. 三视图之间的位置关系、尺寸关系、方位关系。 2. 三视图的画图方法、步骤。	教师讲解并示范	学生听讲
【任务实施】 分组讨论，在教师指导下，制定作图方案，作图步骤见教材表 2–3。 【任务评价】 小组自评或互评任务完成情况，将最优者做展评。	演示作图过程	在教师指导下绘图
任务三　补画三视图中所缺的图线 【任务引入】 补画三视图中的缺线是检验识图能力的最常见的训练方式之一。基本思路为由图中给出的图线想象出物体的形状，再根据“三等”规律补画出未知图线。	任务引入	
【任务内容】 补画教材图 2–11 中缺漏的图线。	布置任务	接受任务

续表

教学设计	教师活动	学生活动
【任务分析】 如教材图 2–11 所示，该物体由均为长方体的底板和竖板组成，竖板上方左右各有一方形缺口。 【相关知识】 1．三视图之间的位置关系、尺寸关系、方位关系。 2．三视图的画图方法、步骤。 【任务实施】 分组讨论，在教师指导下，制定作图方案，作图步骤见教材表 2–4。 【任务评价】 小组自评或互评任务完成情况，将最优者做展评。	引导学生分析任务，确定绘图思路 演示绘图过程 总结性评价	分析任务 在教师指导下绘图 进行自评、互评
课后作业	本节对应习题册	
教学反思		

教师姓名		授课班级		授课日期	
授课章节	第二章　正投影作图　§ 2–2　基本体				
教具	绘图工具、模型、课件等	教学方法		任务驱动法、讲授法等	

教学设计	教师活动	学生活动
【课程导入】 任何一个复杂的机件都可以看成是由若干个基本体组合而成的。基本体一般分为平面立体和曲面立体。平面立体主要包括棱柱和棱锥；曲面立体包括圆柱、圆锥、圆球和圆环等。学好常见基本体的表达和识读是后续学习的基础和前提。本章节的重点就是学会基本体的表达方法及其三视图的识读。	展示各类基本体模型	观察基本体模型，思考如何绘制其三视图

续表

<table>
<tr><th>教学设计</th><th>教师活动</th><th>学生活动</th></tr>
<tr><td>

§2–2 基本体

任务一 绘制正六棱柱三视图并标注尺寸

</td><td></td><td></td></tr>
<tr><td>【任务引入】
以六棱柱为基本结构的机件较多，如六角头螺栓、螺母等，因此，学习正六棱柱三视图将为后续内容的学习奠定良好基础。</td><td>展示螺栓、螺母等实物或模型</td><td>列举生活中正六棱柱的应用实例</td></tr>
<tr><td>【任务内容】
绘制教材图 2–14 所示正六棱柱的三视图。</td><td>布置学习任务</td><td></td></tr>
<tr><td>【任务分析】
要想绘制正六棱柱三视图必须先了解其结构。正六棱柱共八个面，两个底面为正六边形，六个侧面均为矩形。可让学生分析每个面在三个投影面上的投影特性并讨论、总结出正六棱柱三视图的特点，即一面投影为正六边形，另两面投影为相邻矩形。
【相关知识】
1. 棱柱在结构上有什么特点？
棱柱结构 { 两个底面：多边形；多个侧面：矩形 }
2. 棱柱三视图有哪些特征？
一面投影为多边形，反映棱柱形状特征，另两面投影为矩形。</td><td>展示正六棱柱模型或用三维软件展示正六棱柱三维数模，引导学生分析正六棱柱在 V、H、W 面上具有代表性的投影</td><td>观察正六棱柱模型，发现正六棱柱的结构特点，用自己的语言表达，扫描教材 P34 二维码，观看正六棱柱三视图的绘制，分析得出正六棱柱每个面在三个投影面上的投影特性</td></tr>
<tr><td>【任务实施】
分组讨论，在教师指导下制定作图方案，作图步骤见教材表 2–5。</td><td>演示绘图过程</td><td>在教师指导下绘图</td></tr>
<tr><td>【任务评价】
小组自评或互评任务完成情况，将最优者做展评。</td><td>总结性评价</td><td>学生进行自评、互评</td></tr>
</table>

续表

教学设计	教师活动	学生活动
【拓展任务】 分别绘制两底面平行于 V 面和平行于 W 面时的正六棱柱的三视图。	布置拓展任务	完成拓展任务
任务二 绘制四棱锥三视图并标注尺寸		
【任务引入】 将棱柱和棱锥的结构做对比，发现如果将棱柱的一个底面缩小成一个点，那么，棱柱就变成了棱锥。	引导学生思考棱锥的形成	列举生活中棱锥的应用实例
【任务内容】 绘制教材图 2-16 所示四棱锥的三视图。 【任务分析】 要想绘制四棱锥三视图必须先了解其结构。四棱锥共五个面，一个底面为矩形，四个侧面均为三角形。可让学生分析每个面在三个投影面上的投影特性并讨论、总结出四棱锥三视图的特点，即一面投影为矩形，另两面投影为三角形。 【相关知识】 1．棱锥在结构上有什么特点？ 棱锥结构 { 一个底面：多边形；多个侧面：三角形 } 2．棱锥三视图有哪些特征？ 一面投影为多边形，反映棱锥形状特征，另两面投影为三角形。	布置学习任务 展示四棱锥模型或用三维软件展示四棱锥数模，引导学生分析四棱锥在 V、H、W 面上具有代表性的投影	明确学习任务，准备绘图工具 扫描教材 P36 二维码，观看四棱锥三视图的绘制，分析得出四棱锥每个面在三个投影面上的投影特性 总结棱锥三视图特征
【任务实施】 分组讨论，在教师指导下制定作图方案，作图步骤见教材表 2-6。	演示绘图过程	在教师指导下绘图
【任务评价】 小组自评或互评任务完成情况，将最优者做展评。	总结性评价	学生进行自评、互评
【拓展任务】 1．分别绘制底面平行于 V 面和平行于 W 面时的四棱锥的三视图。	引导学生规范制定四棱锥	学生分别在黑板、练习本

续表

教学设计	教师活动	学生活动
2. 试分析如教材图 2–17 所示四棱台的结构，并绘制其三视图。	作图步骤	上完成拓展任务 1，课下完成拓展任务 2
任务三　绘制圆柱三视图并标注尺寸		
【任务引入】 许多机件以及日常生活中的物品，都是以圆柱为基本结构来设计的，如轴套类零件、水桶、干电池等，因此研究圆柱三视图十分必要。	展示圆柱模型	列举生活中圆柱的应用实例
【任务内容】 绘制教材图 2–18 所示圆柱三视图。	演示绘图过程	
【任务分析】 要想绘制圆柱三视图必须先了解其结构。圆柱面是由一条母线围绕与其平行的轴线回转而成的。可让学生分析圆柱每个面在三个投影面上的投影特性并预想圆柱三视图的特点。 **【相关知识】** 1. 圆柱由几个面组成？ 一个圆柱曲面，两个圆形底面。 2. 圆柱三视图有哪些特征？ 一面投影为圆形，另两面投影为矩形。		
【任务实施】 分组讨论，在教师指导下，制定作图方案，作图步骤见教材表 2–8。 **【任务评价】** 小组自评或互评任务完成情况，将最优者做展评。 **【拓展任务】** 分别绘制底面平行于 V 面和平行于 W 面的圆柱三视图。	根据学生绘图过程中出现的问题纠正、总结，再次强调正投影特性及三视图投影规律 总结性评价	在教师指导下绘图 学生进行自评、互评 两名学生在黑板上完成拓展任务，其他学生在练习本上完成

续表

教学设计	教师活动	学生活动
任务四　绘制圆锥三视图并标注尺寸		
【任务引入】 将圆柱和圆锥的结构做对比，发现如果将圆柱的一个底面缩小成一个点，那么，圆柱就变成了圆锥。	展示圆锥模型	列举生活中圆锥的应用实例
【任务内容】 绘制教材图 2–19 所示圆锥三视图。	布置学习任务	明确学习任务，准备绘图工具
【任务分析】 要想绘制圆锥三视图必须先了解其结构。圆锥面是由一条母线围绕与其相交的轴线回转而成的。 【相关知识】 1. 圆锥由几个面组成？ 一个锥曲面，一个圆形底面。 2. 圆锥三视图有哪些特征？ 一面投影为圆形，反映圆锥的形状特征，另两面投影为三角形。		
【任务实施】 分组讨论，在教师指导下制定作图方案，作图步骤见教材表 2–9。	演示绘图过程	在教师指导下绘图
【任务评价】 小组自评或互评任务完成情况，将最优者做展评。	总结性评价	学生进行自评、互评
【拓展任务】 1. 分别绘制底面平行于 *V* 面和平行于 *W* 面的圆锥三视图。 2. 试分析教材图 2–20 所示圆台的结构，并绘制其三视图。	布置拓展任务	学生分别在黑板、练习本上完成拓展任务 1，课后完成拓展任务 2
任务五　绘制圆球三视图并标注尺寸		
【任务引入】 在日常生活中常见到许多球类物体，如篮球、排球等，机器中也常见以球为基本体的零件，如球阀中的阀芯等。因此，研究球体的三视图是十分必要的。	列举生活中圆球的应用实例	

续表

<table>
<tr><th colspan="2">教学设计</th><th>教师活动</th><th>学生活动</th></tr>
<tr><td colspan="2">【任务内容】
绘制教材图 2–21 所示圆球的三视图。
【任务分析】
要想绘制圆球的三视图必须先了解其结构。圆球面可看成由一个圆（母线）绕其直径回转而成。
【相关知识】
1．圆球由几个面组成？
一个球曲面。
2．圆球三视图有哪些特征？
三面投影均为圆形。
【任务实施】
分组讨论，在教师指导下制定作图方案，作图步骤见教材表 2–10。
【任务评价】
小组自评或互评任务完成情况，将最优者做展评。
【拓展任务】
完成教材 P45 的“思考并讨论”。</td><td>布置学习任务

演示绘图过程

总结性评价</td><td>明确学习任务，准备绘图工具

在教师指导下绘图

进行自评、互评
课后完成拓展任务</td></tr>
<tr><td>课后作业</td><td colspan="3">本节对应习题册</td></tr>
<tr><td>教学反思</td><td colspan="3"></td></tr>
</table>

教师姓名		授课班级		授课日期	
授课章节	第二章　正投影作图　§2-3　圆柱的截割与相贯				
教具	绘图工具、模型、课件等	教学方法	任务驱动法、讲授法等		

教学设计	教师活动	学生活动
【课程导入】 在机器中，许多机件是由基本体经过叠加、截割形成的。基本体被平面截割称为截交，其表面形成的交线称为截交线；两个或两个以上基本体相交称为相贯，其表面形成的交线称为相贯线。截交线和相贯线的作图方法是本任务的重点内容。	展示截交体与相贯体模型或用三维软件展示截交体与相贯体数模	查阅相关资料
§2-3　圆柱的截割与相贯 **任务一　绘制带切口的圆柱体三视图**		
【任务引入】 由截交线的形成原理可知，截交线是立体表面与截平面的共有线，截交线上的点是立体表面与截平面的共有点。因此，截交线的作法就是：求出共有点，形成共有线，从而完成截交线的作图。	展示圆柱截交体模型	列举生活中类似的应用实例
【任务内容】 绘制教材图 2–24 所示专用垫圈的投影图。	布置学习任务	明确学习任务
【任务分析】 该垫圈为一中心穿孔、左右对称各有切口的圆柱体。切口分别用平行于圆柱轴线的 P 面和垂直于圆柱轴线的 T 面切割而成。P 面所切的截面形状为矩形，该矩形在主、俯视图上投影积聚为直线，在左视图上反映实形；T 面所切的截面形状为弓形（圆的一部分），该弓形面在主、左视图上投影积聚为直线，在俯视图上反映实形。	引导学生分析图示模型在 V、H、W 面上的投影特性	小组讨论，分析该垫圈各表面在各投影面上的投影特性

续表

教学设计	教师活动	学生活动
【相关知识】 1．用截平面在圆柱上能切出哪些形状的截交线？ （1）截平面平行于圆柱轴线，截交线形状为矩形。 （2）截平面垂直于圆柱轴线，截交线形状为圆形。 （3）截平面与圆柱轴线倾斜，截交线形状为椭圆。 2．本学习任务属于哪一种类型？	引导学生完成相关知识中的问题	查阅资料，找出圆柱截交的类型、截交形状以及投影特征
【任务实施】 分组讨论，在教师指导下制定作图方案，作图步骤见教材表 2–13。	演示绘图过程	在教师指导下绘图
【任务评价】 小组自评或互评任务完成情况，将最优者做展评。	总结性评价	学生进行自评、互评
【拓展任务】 补画下图所示切方槽圆柱体的左视图。 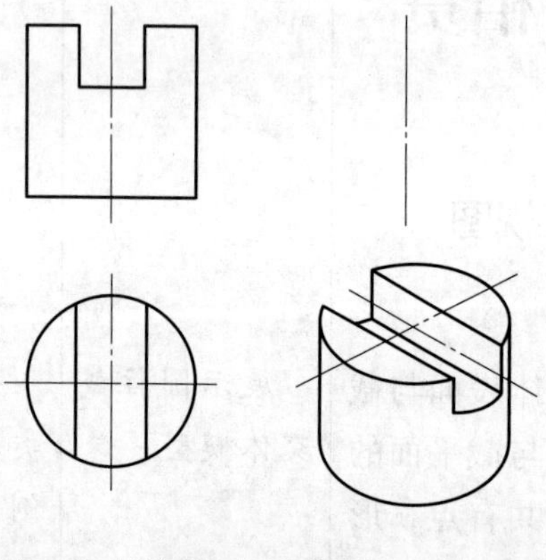	教师巡回指导，讲解学生在作图过程中不规范的地方	两名学生在黑板上完成拓展任务，其他学生在练习本上完成
任务二　绘制斜切圆柱体三视图 【任务引入】 以机械加工中所用的一种刀具为例，说明学习斜切圆柱截交线画法的必要性。		
【任务内容】 绘制教材图 2–26 所示斜切圆柱截交线。	展示模型，布置学习任务	明确学习任务，准备绘图工具
【任务分析】 由于截平面与圆柱轴线倾斜，所以其截交线形状为椭圆。又由于截平面垂直于 *V* 面，所以截交线在 *V* 面上积聚为直线；圆柱面的 *H* 面投影积聚为圆，所以	引导学生分析图示模型各表面在 *V*、	观察模型，小组讨论，分析该模型表面

续表

教学设计	教师活动	学生活动
椭圆形截交线的正面投影积聚在截平面上，水平投影积聚在圆周上，截交线的侧面投影一般情况下仍为椭圆。	H、W面上的投影特性	在各投影面上的投影特性以及投影形状
【相关知识】 1. 截平面与圆柱轴线倾斜，截交线形状为椭圆。 2. 作图步骤： （1）求特殊点。 （2）求一般点。 （3）光滑地连接各点。	教师指导作图规范	
【任务实施】 分组讨论，在教师指导下制定作图方案，作图步骤见教材表 2–15。	演示绘图过程	在教师指导下绘图
【任务评价】 小组自评或互评完成情况，将最优者做展评。	总结性评价	学生进行自评、互评
【拓展任务】 根据主、左视图补画俯视图。 1. 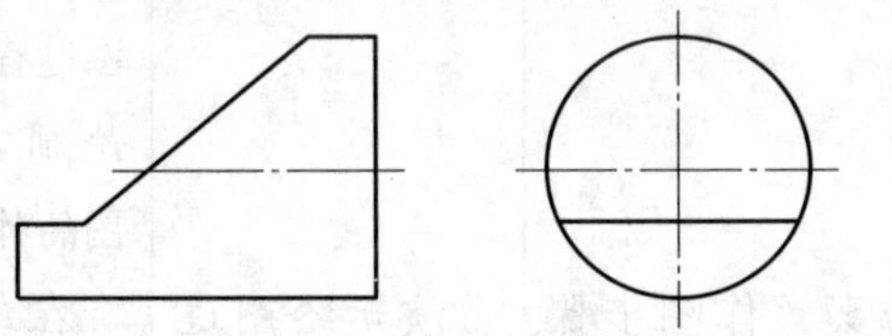 2. 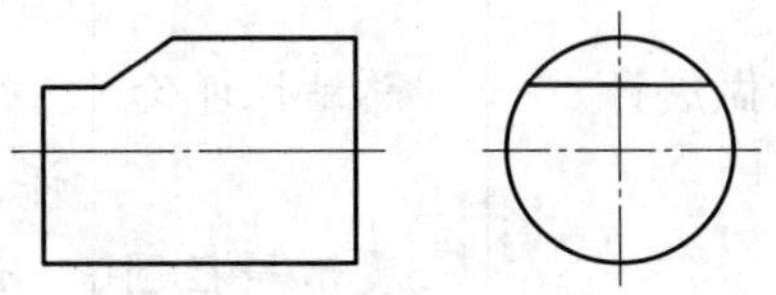	教师巡回指导	学生分别在黑板、练习本上完成 对比分析两练习题，找出它们之间的异同，对比记忆
任务三　绘制圆柱相贯线		
【任务引入】 由相贯线的形成原理可知，相贯线是相交两立体表面的共有线，相贯线上的点是相交两立体表面的共有点。求作相贯线的方法就是求一系列的共有点再连接即可。	展示圆柱体相贯的模型	列举生活中圆柱相贯的应用实例

续表

教学设计	教师活动	学生活动
【任务内容】 绘制教材图 2–28 所示圆柱相贯线。	布置学习任务	明确学习任务，准备绘图工具
【任务分析】 1. 这是两个直径不相等的圆柱相贯，它们的轴线分别垂直于相应投影面，所以相贯线的水平投影和侧面投影分别积聚在它们的圆周上。因此，只要根据已知的水平投影和侧面投影，求作相贯线的正面投影即可。 2. 因为相贯线前后对称，在其正面投影中，可见的前半部分与不可见的后半部分重合，且左右对称。因此，其正面投影只需作出前面的一半。	展示圆柱相贯的模型并引导学生观察其结构特点，分析两相贯圆柱在 V、H、W 面上的投影	观察圆柱相贯的模型，发现其结构特点，分析两相贯圆柱在三个投影面上的投影特性 分析相贯线的特点
【相关知识】 1. 圆柱相贯线通常为封闭的空间曲线，而且是两相贯圆柱表面的共有线。 2. 作图步骤： （1）求特殊点。 （2）求一般点。 （3）光滑地连接各点。	指导学生制定不等径圆柱相贯三视图的作图步骤	扫描教材P52二维码，观看不等径圆柱相贯三视图的作图过程，小组讨论制定其三视图的作图步骤
【任务实施】 分组讨论，在教师指导下制定作图方案，作图步骤见教材表 2–16。	演示绘图过程	在教师指导下绘图
【任务评价】 小组自评或互评任务完成情况，将最优者做展评。	总结性评价	学生进行自评、互评
【拓展任务】 1. 等径圆柱相贯 直径相等的两圆柱相贯，其相贯线在空间上为两相交椭圆，正面投影为两相交直线，如教材图 2–29 所示。 2. 根据俯、左视图补画主视图。	展示等径圆柱相贯的模型或用三维软件展示数模，演示其在各个投影方向上的投影形状	认真观察 两名学生在黑板上完成拓展任务，其他学生在练习本上完成

续表

<table>
<tr><th colspan="2">教学设计</th><th>教师活动</th><th>学生活动</th></tr>
<tr><td colspan="2"> 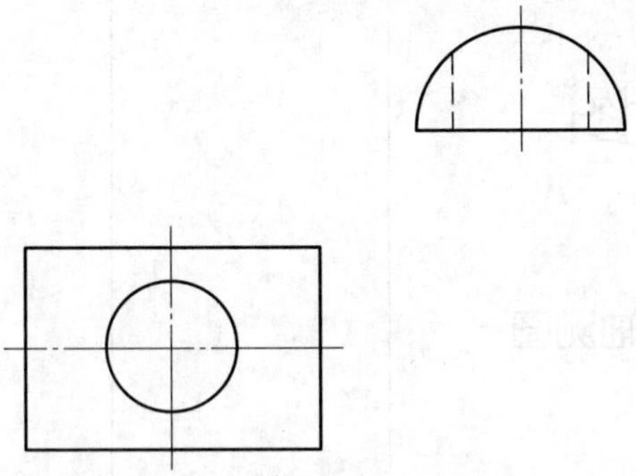</td><td>用模型或三维软件展示圆柱穿孔所形成的表面相贯线形状</td><td></td></tr>
<tr><td>课后作业</td><td colspan="3">本节对应习题册</td></tr>
<tr><td>教学反思</td><td colspan="3"></td></tr>
</table>

<table>
<tr><td>教师姓名</td><td></td><td>授课班级</td><td></td><td>授课日期</td><td></td></tr>
<tr><td>授课章节</td><td colspan="5">第二章　正投影作图　§ 2–4　轴测图</td></tr>
<tr><td>教具</td><td colspan="2">绘图工具、模型、课件等</td><td>教学方法</td><td colspan="2">任务驱动法、讲授法等</td></tr>
<tr><th colspan="4">教学设计</th><th>教师活动</th><th>学生活动</th></tr>
<tr><td colspan="4">【课程导入】
工程上应用最广的图样是多面正投影图，它能准确表达物体的形状，而且绘制简便，度量性好，但缺乏立体感。轴测图是物体在平行投影下形成的一种单面投影图，它能同时反映出物体长、宽、高三个方向的形状，富有立体感，直观性强。那么什么叫轴测图？它是怎样形成的？轴测图与多面正投影图相比有哪些特点？轴测图在工程上有哪些应用？轴测投影的基本性质有哪些？</td><td>展示简单零件三视图和轴测图，引导学生识读零件结构，然后引导学生分析三视图和轴测图的特点</td><td>查阅相关资料，扫描教材P55二维码观看轴测图的形成，然后回答问题</td></tr>
</table>

续表

<table>
<tr><th>教学设计</th><th>教师活动</th><th>学生活动</th></tr>
<tr><td>§2-4 轴　测　图

任务一　绘制正六棱柱的正等轴测图</td><td></td><td></td></tr>
<tr><td>【任务引入】
前面所学内容为正投影图，是由立体图到平面图的过程，绘制轴测图则是由平面图向立体图的转化。本任务以正六棱柱为例，学习正等轴测图的绘制。</td><td>展示正六棱柱三视图及轴测图</td><td></td></tr>
<tr><td>【任务内容】
根据教材图 2-33 所示正六棱柱三视图，绘制其正等轴测图。</td><td>布置学习任务</td><td>明确学习任务，准备绘图工具</td></tr>
<tr><td>【任务分析】
在确定坐标轴和坐标原点时，要考虑作图简便，且有利于按坐标关系定位和度量。因此，应把坐标系原点建在正六棱柱上底面的中心。</td><td>强调视图中直角坐标系原点的选择</td><td>认真听讲，理解记忆</td></tr>
<tr><td>【相关知识】
1. 正等轴测图的轴间角、轴向伸缩系数及简化的轴向伸缩系数是怎样的？
2. 如何画坐标系？</td><td>引导学生学习相关知识</td><td>阅读教材，在练习本上绘制正等轴测坐标系</td></tr>
<tr><td>【任务实施】
分组讨论，在教师指导下制定作图方案，作图步骤见教材表 2-19。</td><td>演示绘图过程</td><td>在教师指导下绘图</td></tr>
<tr><td>【任务评价】
小组自评或互评完成情况，将最优者做展评。</td><td>总结性评价</td><td>学生进行自评、互评</td></tr>
<tr><td>任务二　绘制四棱台的正等轴测图

【任务引入】
从分析棱台的结构特点入手，提出问题，引发思考：能用画棱柱的方法来画棱台吗？</td><td>教师提出问题</td><td>思考并回答问题</td></tr>
</table>

续表

教学设计	教师活动	学生活动
【任务内容】 根据如教材图 2–34 所示四棱台两视图，画出其正等轴测图。	布置学习任务	明确学习任务，准备绘图工具
【任务分析】 分析棱台的结构特点，并将其与棱柱的结构相对比，思考作图方法和步骤，为作图简便，应将坐标系原点建在四棱台上底面的中心。	引导学生分析棱台的结构特点，确定直角坐标系原点	分析棱台的结构特点，确定直角坐标系原点的位置
【相关知识】 1．正等轴测图的轴间角及轴向伸缩系数是怎样的? 2．如何画坐标系?		
【任务实施】 分组讨论，在教师指导下制定作图方案，作图步骤见教材表 2–20。	演示绘图过程	在教师指导下绘图
【任务评价】 小组自评或互评任务完成情况，将最优者做展评。	总结性评价	进行自评、互评
【拓展任务】 1．画出如教材图 2–32 所示斜铁块的正等轴测图。 2．根据以下两视图，绘制其正等轴测图。 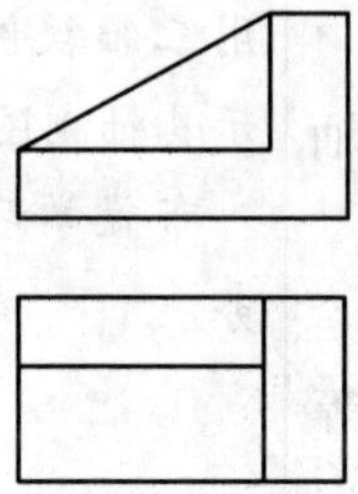 **任务三　绘制圆柱正等轴测图**	指导学生采用切割法完成拓展任务 1 根据学生在绘图过程中出现的问题纠正、总结，指导学生采用堆积法完成拓展任务 2	两名学生在黑板上完成拓展任务，其他学生在练习本上完成
【任务引入】 圆柱两底面为圆形，其正等轴测图都是椭圆。在作图时，一般不要求准确地画出椭圆曲线，而是采用“菱形法”画近似椭圆。	利用三维软件展示圆柱的轴测图	观看三维模型，思考如何绘制椭圆
【任务内容】 根据如教材图 2–35 所示圆柱两视图，绘制圆柱正等轴测图。	布置学习任务	明确学习任务，准备绘图工具

续表

教学设计	教师活动	学生活动
【任务分析】 分析圆柱的结构特点并思考作图方法。为作图简便，应将坐标系原点建在圆柱上底面的中心。 【相关知识】 正等轴测图的轴间角及轴向伸缩系数。	引导学生分析圆柱的结构特点，确定直角坐标系原点	分析圆柱结构特点，确定直角坐标系原点的位置
【任务实施】 分组讨论，在教师指导下制定作图方案，作图步骤见教材表 2–21。	演示绘图过程	在教师指导下绘图
【任务评价】 小组自评或互评完成情况，将最优者做展评。	总结性评价	进行自评、互评
【拓展任务】 绘制圆柱轴线垂直于 V 面和垂直于 W 面时的正等轴测图。		
任务四　绘制带圆角平板的正等轴测图		
【任务引入】 机件表面常见圆角轮廓，可将其作为圆柱面的一部分来作图。	展示此类零件的图片，利用三维软件展示其轴测图	认真观看，回顾圆柱正等轴测图的绘制步骤
【任务内容】 绘制如教材图 2–37 所示的带圆角平板的正等轴测图。 【任务分析】 机件上有两个 1/4 圆柱面组成的圆角轮廓，其正等轴测图恰好是近似椭圆四段圆弧中的一段。	布置学习任务	明确学习任务，准备绘图工具
【相关知识】 正等轴测图的轴间角及轴向伸缩系数是多少？	提出问题	思考并回答问题
【任务实施】 分组讨论，在教师指导下制定作图方案，作图步骤见教材表 2–22。	演示绘图过程	在教师指导下绘图
【任务评价】 小组自评或互评任务完成情况，将最优者做展评。	总结性评价	进行自评、互评

续表

<table>
<tr><th>教学设计</th><th>教师活动</th><th>学生活动</th></tr>
<tr><td colspan="3">任务五　绘制圆筒的斜二轴测图</td></tr>
<tr><td>【任务引入】
作圆柱的正等轴测图时，最烦琐的部分就是需要画椭圆，而斜二轴测图在一定的条件下可解决这个问题。凡物体上平行于正投影面的直线和平面图形，在斜二轴测图中都反映实长和实形。因此，当圆柱两底面与正投影面平行时，作斜二轴测图比较简便。</td><td>展示轴承座三视图，引导学生回顾圆柱正等轴测图的绘制过程</td><td>观察轴承座三视图，根据教师的引导，对圆柱轴测图的简单绘制方法产生兴趣</td></tr>
<tr><td>【任务内容】
根据如教材图 2-39 所示圆筒的两视图绘制其斜二轴测图。</td><td>布置学习任务</td><td>明确学习任务，准备绘图工具</td></tr>
<tr><td>【任务分析】
圆筒前、后端面及孔口都是圆。因此，将前、后端面平行于正投影面放置，将坐标系原点设置在前端面的中心。</td><td>引导学生分析圆筒的结构特点，确定直角坐标系原点</td><td>分析圆筒的结构特点，确定直角坐标系原点的位置</td></tr>
<tr><td>【相关知识】
1. 斜二轴测图的轴间角及轴向伸缩系数是多少？
2. 斜二轴测图的特点是什么？ 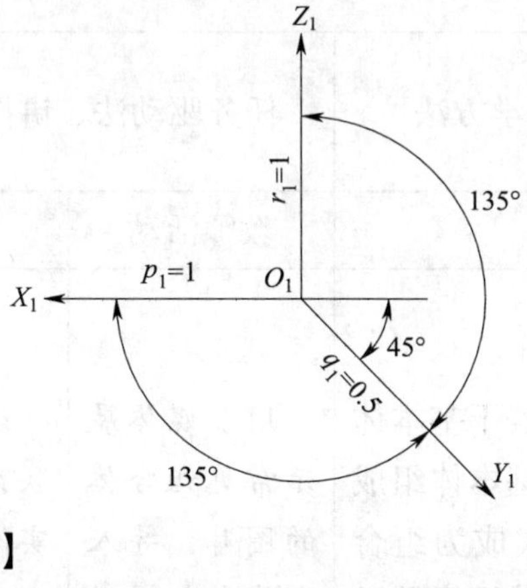
Z_1 $r_1=1$ 135° $p_1=1$ O_1 X_1 45° $q_1=0.5$ 135° Y_1</td><td>讲解相关知识</td><td>学习相关知识</td></tr>
<tr><td>【任务实施】
分组讨论，在教师指导下制定作图方案，作图步骤见教材表 2-23。</td><td>演示绘图过程</td><td>在教师指导下绘图</td></tr>
</table>

续表

<table>
<tr><th colspan="2">教学设计</th><th>教师活动</th><th>学生活动</th></tr>
<tr><td colspan="2">【任务评价】
小组自评或互评任务完成情况，将最优者做展评。
【拓展任务】
绘制教材图 2-40 所示支座的斜二轴测图。</td><td>总结性评价纠正学生绘图中出现的问题并总结</td><td>进行自评、互评
学生分别在黑板、练习本上完成拓展任务</td></tr>
<tr><td>课后作业</td><td colspan="3">本节对应习题册</td></tr>
<tr><td>教学反思</td><td colspan="3"></td></tr>
</table>

<table>
<tr><td>教师姓名</td><td></td><td>授课班级</td><td></td><td>授课日期</td><td></td></tr>
<tr><td>授课章节</td><td colspan="5">第二章　正投影作图　§ 2-5　组合体</td></tr>
<tr><td>教具</td><td colspan="2">绘图工具、模型、课件等</td><td>教学方法</td><td colspan="2">任务驱动法、讲授法等</td></tr>
<tr><th colspan="4">教学设计</th><th>教师活动</th><th>学生活动</th></tr>
<tr><td colspan="4">【课程导入】
无论多么复杂的零件，都可以看作是由若干基本体组合而成，生活中的很多物品，也都是由基本体组成的。基本体通过叠加、切割或综合的方式成为组合体，比如螺栓、书桌、板凳、轴承座等。前面章节已经学过基本体三视图的绘制与识读，本节的主要任务是学习组合体三视图的绘制及识读。</td><td>用多媒体展示常见组合体的图片，导入本节内容</td><td>认真观察，联系生活列举实例</td></tr>
</table>

续表

教学设计	教师活动	学生活动
§2-5 组 合 体 **任务一 组合体的表面连接关系及画法**		
【任务引入】 组合体是由基本体通过叠加、截割或综合的方式形成的，组合体上两相邻形体的表面有怎样的连接关系？投影又该如何绘制呢？	提出问题	积极思考，联想基本体投影特征
【任务内容】 判断如教材图 2–43 所示组合体中相邻形体间的连接关系，绘制其连接处的投影。	布置学习任务	明确学习任务
【任务分析】 在对组合体进行画图、读图和尺寸标注的过程中，一般采用形体分析法和线面分析法。		
【相关知识】 1．什么是形体分析法？如何进行形体分析？ 2．什么是线面分析法？ 3．组合体表面连接关系有哪些？如何绘制？	设置引导问题，引导学生自主学习	查阅资料，扫描教材P67二维码了解组合体的形成原理
【任务实施】 1．形体分析法就是假想将组合体分解成若干个部分，并分析各部分的形状、相对位置、组合形式和表面连接关系的一种化繁为简的分析方法。 分析过程如下： （1）分解组合体，观察有几种基本体，并将其分解出来。 （2）分析各部分之间的组合方式及两相邻形体间的表面连接关系。 （3）分析位置关系，分析各部分上下、左右、前后的相对位置关系，分析是否对称、平齐。	应用多媒体，演示形体分析法和线面分析法的分析过程，设置拓展图例，引导学生小组讨论并巡回指导	认真观察，理解记忆

续表

<table>
<tr><th>教学设计</th><th>教师活动</th><th>学生活动</th></tr>
<tr><td>2. 线面分析法就是将组合体分解成若干个面，根据线面的投影特点，逐个分析各个面的形状、面与面的相对位置关系，以及各交线的性质，从而想象出组合体的形状。
3. 组合体的表面连接关系及画法
分组讨论组合体的表面连接关系及画法，具体画法见教材表 2–25。</td><td></td><td>小组讨论，展示学习成果</td></tr>
<tr><td>【任务评价】
小组自评或互评任务完成情况，将最优者做展评。</td><td>总结性评价</td><td>进行自评、互评</td></tr>
<tr><td>任务二　绘制叠加型组合体三视图
【任务引入】
由于组合体存在不同的组合形式，因此画图方法也是不一样的。
【任务内容】
绘制如教材图 2–44 所示支座的三视图。
【任务分析】
教材图 2–44 所示支座的组合形式以叠加为主，其画图方法是先主后次，逐个添加。</td><td>展示组合体模型或利用三维软件展示组合体数模
展示支座模型，布置学习任务</td><td>查阅相关资料，回顾组合体基本知识
明确学习任务</td></tr>
<tr><td>【相关知识】
1. 画组合体三视图的基本方法主要有哪些？
形体分析法、线面分析法。
2. 画组合体三视图时应注意哪些问题？
（1）画图的先后顺序：一般应从形状特征明显的视图入手，先主后次、先实后虚、先曲后直。
（2）画图时，应三个视图配合着同时进行。</td><td>设置引导问题，引导学生自主学习</td><td>阅读课本，回答问题</td></tr>
<tr><td>【任务实施】
分组讨论，在教师指导下制定作图方案，作图步骤见教材表 2–26。</td><td>演示绘图过程</td><td>在教师指导下绘图</td></tr>
<tr><td>【任务评价】
小组自评或互评任务完成情况，将最优者做展评。</td><td>总结性评价</td><td>进行自评、互评</td></tr>
</table>

续表

教学设计	教师活动	学生活动
任务三 绘制切割型组合体三视图		
【任务引入】 如果说叠加是一种“加法”，那么，切割就是一种“减法”。思考如教材图 2–45 所示切割四棱柱的三视图应如何绘制。	提出问题	思考、讨论
【任务内容】 绘制如教材图 2–45 所示切割四棱柱的三视图。	布置学习任务	明确学习任务
【任务分析】 教材图 2–45 所示是一个四棱柱被切角、挖槽以后形成的组合体，因此，其画图方法是先画整体，逐块切割。		
【任务实施】 分组讨论，在教师指导下制定作图方案，作图步骤见教材表 2–27。	演示绘图过程	在教师指导下绘图
【任务评价】 小组自评或互评任务完成情况，将最优者做展评。	总结性评价	进行自评、互评
任务四 组合体的尺寸标注		
【任务引入】 视图仅能表达物体的形状，而其大小还需由尺寸来确定。组合体尺寸标注的基本要求是正确、完整、清晰。	展示未注尺寸的组合体三视图，让学生猜测其实物大小	思考、讨论
【任务内容】 标注如教材图 2–46 所示支架的尺寸。 【任务分析】 该支架由底板和竖板组成，应先分别标注底板和竖板的定形尺寸，再标注二者之间的定位尺寸，最后标注总体尺寸，且尺寸标注要合理布局，保持清晰美观，便于看图。	布置学习任务	明确学习任务
【相关知识】 1. 组合体主要标注哪几类尺寸？ 2. 什么叫定形尺寸、定位尺寸、总体尺寸？ 3. 什么是尺寸基准？如何确定尺寸基准？ 4. 标注尺寸时应注意哪些问题？	设置引导问题	查阅学习资料，回答引导问题

续表

教学设计	教师活动	学生活动
【任务实施】 分组讨论，在教师指导下制定作图方案，尺寸标注的方法和步骤见教材表 2–28。	教师演示尺寸标注	在教师指导下标注
【任务评价】 小组自评或互评任务完成情况，将最优者做展评。	总结性评价	学生进行自评、互评
【拓展任务】 1．常见结构的尺寸标注。 2．切割体及相贯体的尺寸标注。		
任务五　识读轴承座三视图		
【任务引入】 画图是将空间物体用正投影法表达在平面上，而读图则是根据给定的视图想象出物体的空间形状。为了迅速而准确地读懂视图，除了要有一定的空间想象能力，还要综合运用前面所学知识，掌握读图的基本要领和方法。		
【任务内容】 识读如教材图 2–57 所示轴承座三视图。	布置学习任务	明确学习任务，准备模型制作材料和工具
【任务分析】 向学生提出以下问题： 1．轴承座由哪几部分组成？ 2．如何找出各部分在三视图中的投影？ 3．各部分大致的形状是什么？	设置思考问题	思考讨论
【相关知识】 1．识读组合体三视图有哪些要领？ （1）要善于抓形状特征和位置特征突出的视图。 （2）善于想象与构思。 2．如何用形体分析法读图？	设置引导问题	阅读课本，回答问题
【任务实施】 分组讨论，读图的方法和步骤见教材表 2–29。 【任务评价】 抽取一个小组的作品展示。	巡回指导	扫描教材 P81 二维码，观看用形体分析法读图的方法和步骤

续表

教学设计	教师活动	学生活动
任务六　识读垫块三视图		
【任务引入】 将轴承座三视图与垫块三视图做对比分析，垫块属于切割型组合体，应在形体分析法的基础上采用线面分析法来识读。	展示轴承座和垫块的三视图，引导学生思考其异同点	讨论、思考
【任务内容】 识读如教材图 2–58 所示垫块三视图。	布置学习任务	明确学习任务，准备模型制作材料和工具
【任务分析】 1．切割前该形体是什么基本体? 2．垫块被切去几部分? 3．如何用线面分析法读图?	设置引导问题	查阅资料，回答引导问题，扫描教材 P82 二维码观看用线面分析法读图的方法和步骤，分小组制作组合体模型
【任务实施】 分组讨论，读图的方法和步骤见教材表 2–30。	巡回指导	
【任务评价】 抽取一个小组的作品展示点评。	总结性评价	
【拓展任务】 1．根据如教材图 2–59 所示夹铁的主、左视图，补画俯视图。 2．补画如教材图 2–60 所示支座三视图中所缺的图线。	通过习题课详细讲解相关知识	学生进行自评、互评
课后作业	本节对应习题册	
教学反思		

第三章 机械图样的基本表示法

学时分配表

教学单元	教学内容	建议学时
机械图样的基本表示法	§3-1 视图	2
	§3-2 剖视图	6
	§3-3 断面图	2
	§3-4 其他表示法	2
	总计	12

教学目标

1. 能区分和识读基本视图、向视图、局部视图、斜视图。
2. 了解六个基本视图的名称、配置关系和“三等”关系。
3. 掌握向视图的画法。
4. 掌握局部视图和斜视图的画法和标注方法。
5. 理解剖视图的形成，掌握剖视图的画法和标注。
6. 明确断面图的概念，掌握断面图的分类、画法及应用。
7. 能读懂移出断面图和重合断面图，并能绘制简单零件的断面图。
8. 了解局部放大图，掌握常见的简化画法。
9. 养成认真、耐心、细致的学习作风。

教学重点

1. 基本视图的配置关系和各视图之间的“三等”关系。
2. 局部视图和斜视图的画法和标注方法。

3. 剖视图的画法及标注。
4. 断面图的画法及应用。
5. 肋、轮辐等结构的画法。

教学难点

1. 不具有封闭轮廓线的局部视图和斜视图的画法。
2. 剖视图的形成。
3. 移出断面图画法的特殊规定。
4. 肋、轮辐等结构的画法。

教学建议

讲授本章时，建议教师在授课过程中以各种表示方法的应用为重点，可用对比的方式授课，增强学生的印象，同时注意加强以下几方面的教学：

1. 要贯彻直观教学原则，多借助模型和多媒体等教学手段，由浅入深地教学，使学生理解各种表示方法的原理和形成过程。

2. 要保证课堂练习和课后作业的质量，根据学生掌握知识的情况，灵活控制教学进度，调整讲课和练习的比例。保证学生学会、弄懂，为后面的学习打好基础。

3. 要加强作图方法和步骤的教学，使学生养成良好的作图习惯，逐步提高作图技能。从视图、剖视图到断面图，教师都要充分利用教材中的“表格”，让学生把其中的内容真正落实到作业中。

教学设计方案

教师姓名		授课班级		授课日期	
授课章节	第三章　机械图样的基本表示法　§3-1　视图				
教具	模型、绘图工具、课件、三维设计软件等	教学方法		任务驱动法、演示法、讲授法、比较法等	
教学设计				教师活动	学生活动
【课程导入】 生产实践中，机件的结构形状是多种多样的，仅用三个视图来表达，有时难以将机件的内、外形状和结构表达清楚。为此，国家标准规定了生产实际需要的相应的表达方法。				展示模型或图样	认真思考，联想生活中的实例

续表

教学设计	教师活动	学生活动
§ 3–1 视 图 **任务一 绘制基本视图**		
【任务引入】 基本视图是各种视图的基础，学习基本视图主要是掌握仰视图、后视图和右视图的绘制。	引导学生思考三视图是否是表达形状结构较复杂零件的唯一方法	思考、讨论，回答问题
【任务内容】 根据下示三视图绘制该零件的仰视图、后视图和右视图。 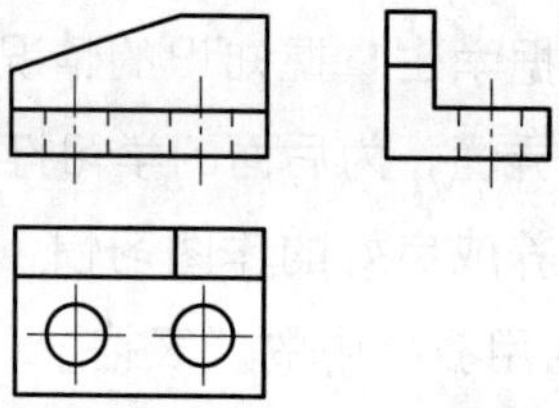	布置学习任务	明确学习任务，准备绘图工具
【任务分析】 基本视图一共有六个，有三个是以前学习过的三视图。 【相关知识】 1. 什么是基本视图？ 2. 基本视图是怎样形成的？	引导学生回顾三视图的形成及投影规律 演示仰视图、右视图和后视图的绘图过程	回顾三视图的形成及投影规律，想象仰视图、右视图和后视图的形成
【任务实施】 1. 画底板和竖板的仰视图、右视图和后视图的主要轮廓。画图时注意长、宽、高的对应关系。 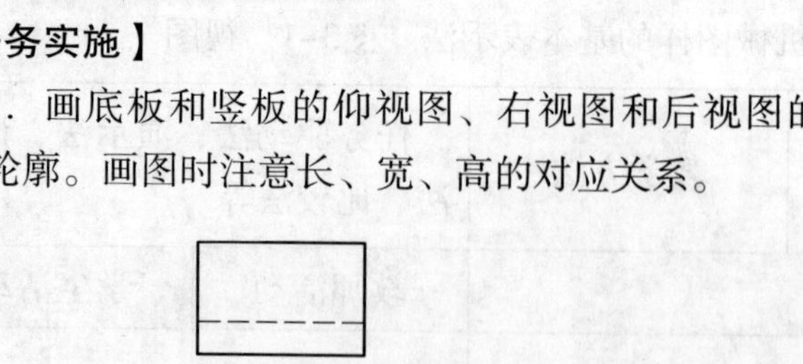	强调投影规律及不可见轮廓线的线型	在教师指导下绘制仰视图、右视图和后视图 根据“三等”关系画出竖板的切角投影

续表

教学设计	教师活动	学生活动
2. 画竖板上的切角，注意不可见轮廓线用虚线绘制。 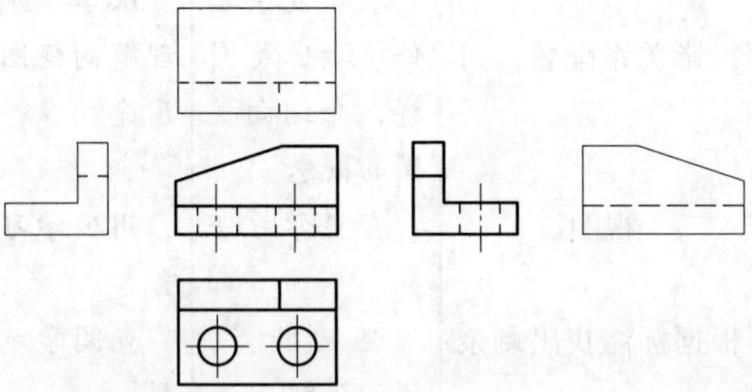	引导学生思考各视图所表达的方位	讨论、分析并回答问题
3. 画底板上的圆孔。 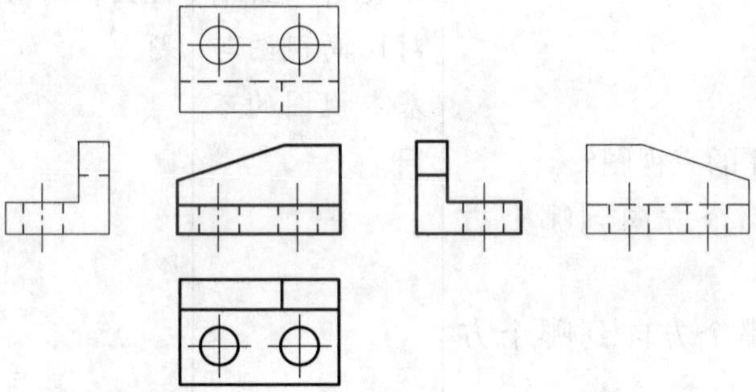	引导学生思考主视图与后视图、左视图与右视图、俯视图与仰视图之间的异同	小组讨论、分析，总结主视图与后视图、左视图与右视图、俯视图与仰视图之间的相同点与不同点
4. 加深描粗。 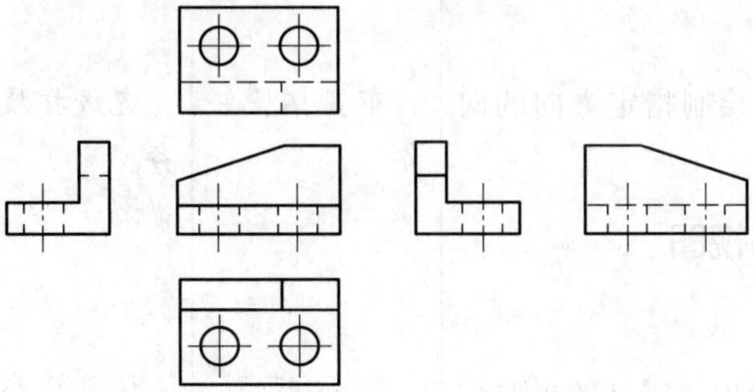		
【任务评价】 小组自评或互评任务完成情况，将最优者做展评。 **【拓展任务】** 考虑某些复杂零件的基本视图。	总结性评价	进行自评、互评

续表

教学设计	教师活动	学生活动
任务二　识读向视图		
【任务引入】 某些特殊情况下，视图不能按照投影关系配置，可用向视图来表示物体。	展示复杂零件的机械图样，介绍向视图的概念	认真观察，理解向视图的用途
【任务内容】 识读如教材图 3–4 所示的 *A*、*B*、*C* 三个视图。	布置学习任务	明确学习任务
【任务分析】 可先找出主、俯、左三视图，再根据标注找出剩余的三个视图。	巡回指导，详细讲解	查阅学习资料
【相关知识】 1. 什么是向视图？ 2. 向视图是如何标注的？ 【任务实施】 1. 基本视图中哪三个视图是物体的三视图？ 2. 教材图 3–4 所示 *A* 向是从哪个方向到哪个方向？*A* 向视图叫什么名称？ 3. 教材图 3–4 所示 *B* 向是从哪个方向到哪个方向？*B* 向视图叫什么名称？ 4. 教材图 3–4 所示 *C* 向是从哪个方向到哪个方向？*C* 向视图叫什么名称？	引导学生回顾基本视图，对比向视图与基本视图的不同	认真观察向视图，回答问题
【拓展任务】 根据已知视图（习题册 P35），绘制指定方向的向视图。	布置拓展任务	完成拓展任务
任务三　识读局部视图		
【任务引入】 展示如教材图 3–5 所示模型，指出该零件的主要结构用主、俯视图表达已足够，两个凸台的表达无须画左视图或右视图，从而引出局部视图的概念。	展示模型，引导学生思考如何清晰表达该零件的结构	认真观察模型，思考并回答问题
【任务内容】 识读如教材图 3–5 所示的局部视图。	布置学习任务	明确学习任务

续表

教学设计	教师活动	学生活动
【任务分析】 此零件的主体结构为圆柱，可由主、俯两个视图表达主要结构。因此，零件中左、右两个凸台的表达无须用左视图或右视图。	引导学生分析零件结构	分析零件的结构特征
【相关知识】 1．什么是局部视图？ 2．局部视图是如何标注的？ 3．局部视图主要用于表达什么样的零件？	巡回指导，详细讲解	查阅资料，回答问题
【任务实施】 1．教材图 3–5 中哪个是主视图，哪个是俯视图？ 2．教材图 3–5 中哪个是局部视图，分别表示了哪个凸台结构？	引导学生分辨各视图	仔细观察视图，回答问题
任务四　识读斜视图		
【任务引入】 某些带有倾斜结构的零件，因其倾斜结构不与基本投影面平行，需要用斜视图来表达，以获得反映实形的投影。	引导学生想象生活中的类似零件	积极思考，回答问题
【任务内容】 识读教材图 3–6 中的斜视图。	布置学习任务	明确学习任务
【任务分析】 教材图 3–6 所示零件有倾斜结构，其俯视图不平行于水平面，不反映实形。斜视图可以将物体的实形反映出来，为绘制和识读视图减少难度。		认真观察
【相关知识】 1．什么是斜视图？ 2．斜视图如何标注？ 3．什么样的零件适合用斜视图表达？	设置引导问题	查阅资料，回答问题
【任务实施】 教材图 3–6 所示三个视图分别叫什么名称？表达目的分别是什么？	引导学生识读斜视图	
【拓展任务】 综合运用学过的图样表达方法，为教材图 3–7 所示机件确定合理的表达方案。	布置拓展任务	用斜视图表达该机件的折弯结构

续表

<table>
<tr><th colspan="2">教学设计</th><th>教师活动</th><th>学生活动</th></tr>
<tr><td>课后作业</td><td colspan="3">本节对应习题册</td></tr>
<tr><td>教学反思</td><td colspan="3"></td></tr>
</table>

<table>
<tr><td>教师姓名</td><td></td><td>授课班级</td><td></td><td>授课日期</td><td></td></tr>
<tr><td>授课章节</td><td colspan="5">第三章　机械图样的基本表示法　§3-2　剖视图</td></tr>
<tr><td>教具</td><td colspan="2">模型、绘图工具、课件、三维设计软件等</td><td>教学方法</td><td colspan="2">任务驱动法、分组讨论法、讲练结合法等</td></tr>
<tr><th colspan="4">教学设计</th><th>教师活动</th><th>学生活动</th></tr>
<tr><td colspan="4">§3-2　剖　视　图

任务一　绘制全剖视图

【任务引入】
当机件的内部结构比较复杂时，在视图中会出现很多细虚线，不仅使视图不清晰，也给读图、绘图、标注尺寸等带来不便，为了更好地表达机件的内部结构，可采用剖视图表达。
【任务内容】
绘制如教材图 3-8 所示零件的全剖视图。
【任务分析】
剖视的目的是不画或者少画虚线，剖切面需要经过机件内部的孔、槽的中心。
【相关知识】
1. 什么是全剖视图？
2. 全剖视图是如何标注的？</td><td>展示内部结构复杂零件的图样，引入剖视图

布置学习任务

设置引导问题</td><td>认真观察并思考

明确学习任务

查阅资料，小组讨论，回答问题</td></tr>
</table>

续表

<table>
<tr><th>教学设计</th><th>教师活动</th><th>学生活动</th></tr>
<tr><td>3. 全剖视图适用于哪种零件？</td><td></td><td></td></tr>
<tr><td>**【任务实施】**
分组讨论，在教师指导下制定作图方案，作图步骤见教材表 3–2。</td><td>演示绘图过程</td><td>在教师指导下绘图</td></tr>
<tr><td>**【任务评价】**
小组自评或互评任务完成情况，将最优者做展评。</td><td>总结性评价</td><td>进行自评、互评</td></tr>
<tr><td>**【拓展任务】**
根据零件结构表达的需要，如何把俯视图和左视图改成剖视图？</td><td>巡回指导</td><td>在练习本上完成拓展任务</td></tr>
<tr><td>**任务二 绘制半剖视图**</td><td></td><td></td></tr>
<tr><td>**【任务引入】**
当物体结构对称时，可以采用半剖视图。</td><td>展示模型</td><td>认真观察</td></tr>
<tr><td>**【任务内容】**
根据下示视图，绘制半剖视图。 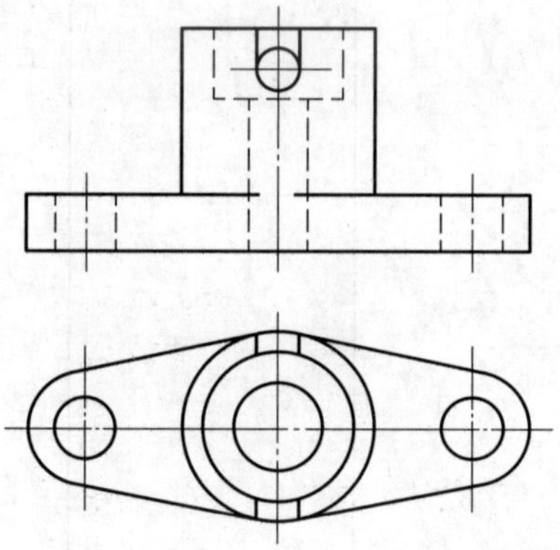</td><td>布置学习任务</td><td>明确学习任务，准备绘图工具</td></tr>
<tr><td>**【任务分析】**
半剖视图的绘制和识读以全剖视图为基础，一半是视图，一半是剖视图。在初步学习时，也可以先画主视图和俯视图，然后再把主视图改为半剖视图。</td><td>展示半剖视图，分析特点</td><td>认真观察，分析半剖视图、全剖视图与基本视图的关系</td></tr>
<tr><td>**【相关知识】**
1. 什么是半剖视图？
2. 半剖视图是如何标注的？
3. 什么样的零件适合用半剖视图表达？</td><td>设置引导问题</td><td>查阅资料，小组讨论，回答问题</td></tr>
</table>

续表

教学设计	教师活动	学生活动
【任务实施】 分组讨论，在教师指导下制定作图方案，作图步骤见教材表 3–4。	演示绘图过程	在教师指导下绘图
【任务评价】 小组自评或者互评任务完成情况，选择最优者做展评。	总结性评价	进行自评、互评
【拓展任务】 在指定位置把主视图改画成半剖视图，具体见习题册 P40。	巡回指导，规范作图细节	认真观察，在练习本上完成拓展任务
任务三　绘制局部剖视图		
【任务引入】 为了表达机件的某些局部结构，可以采用局部剖视图。 【任务内容】 根据下示视图，绘制合适的局部剖视图。 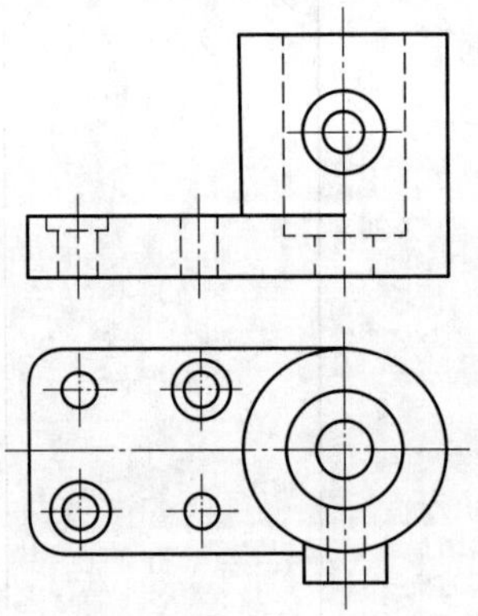	布置学习任务	明确学习任务，准备绘图工具
【任务分析】 此零件有较复杂的内部结构，按照基本视图绘制会出现较多的虚线，不利于表达机件的结构。为了表达零件的内部结构，可采用局部剖视图来绘制。绘制时，先确定局部剖视图的绘制区域，再绘制剖视后的结构。	三维软件展示复杂零件模型	认真观察
【相关知识】 1. 什么是局部剖视图？ 2. 局部剖视图主要适用于表达什么样的零件？ 3. 局部剖视图如何绘制？	设置引导问题	查阅资料，回答问题

续表

教学设计	教师活动	学生活动
【任务实施】 1. 选择剖切区域，确定剖切范围，画波浪线。 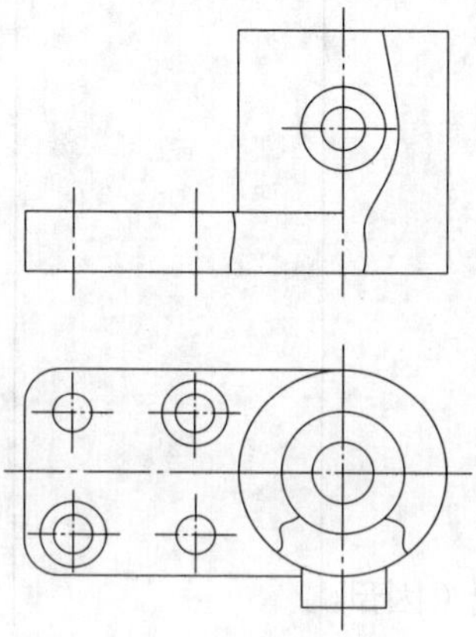	演示绘图过程 引导学生分析两处波浪线的不同，总结波浪线的绘制要求	在教师指导下绘图 讨论、分析波浪线的绘制要求
2. 绘制大圆筒部分的局部剖视图。 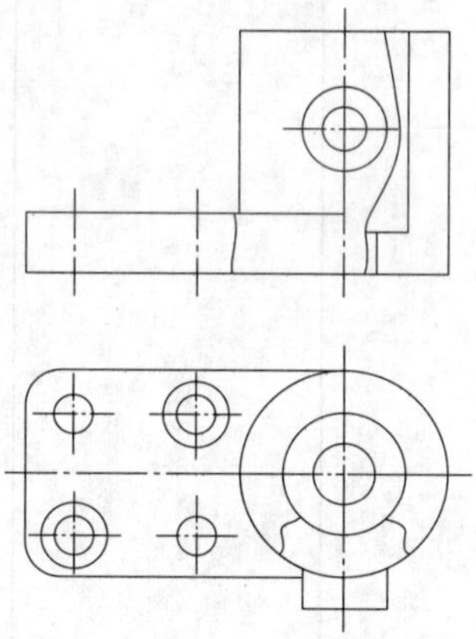		
3. 绘制底板部分的局部剖视图。 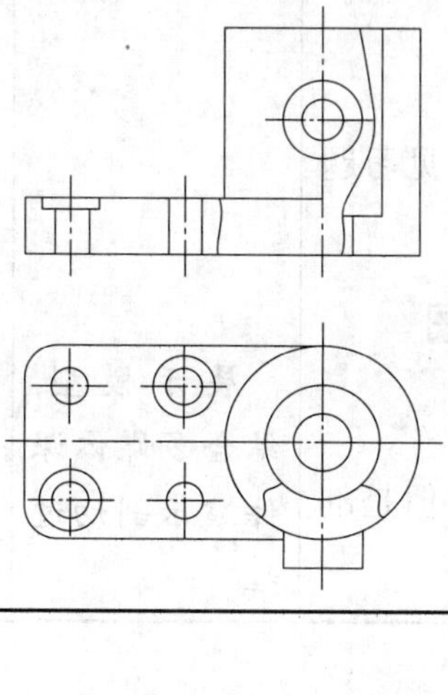	强调剖面线的绘制要求	根据投影规律画出各部分的投影

续表

教学设计	教师活动	学生活动
4．绘制俯视图中凸台部分的局部剖视图。 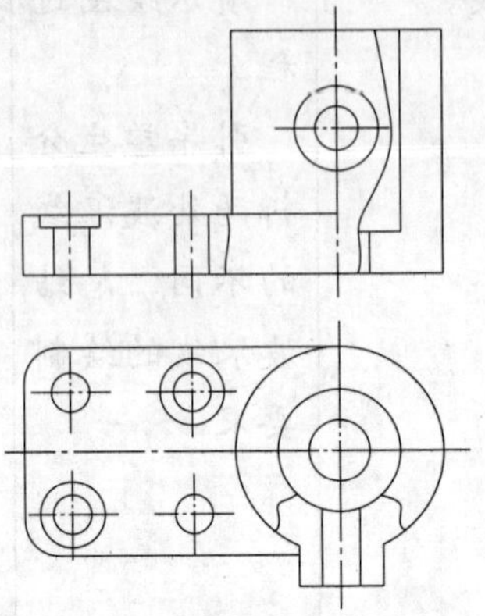		
5．检查修正，按标准填充剖面线并描深图线（因剖切位置明显，标注可省略）。 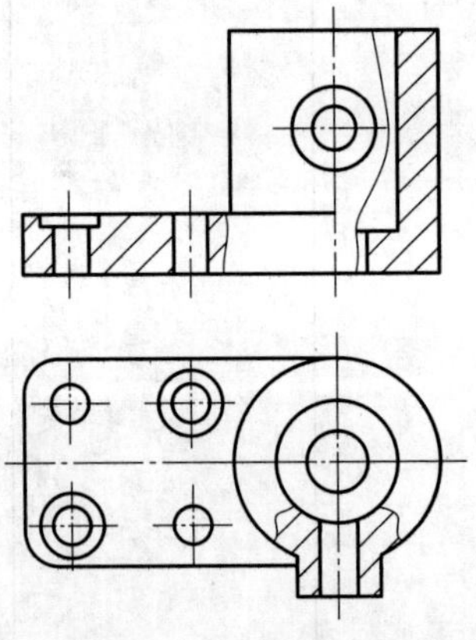		擦除多余线条，检查描深，完成视图
【任务评价】 小组自评或者互评任务完成情况，选择最优者做展评。	总结性评价	进行自评、互评
【拓展任务】 在指定位置将视图改画成局部剖视图，具体见习题册 P41。		完成拓展任务
任务四　绘制单一剖切平面的剖视图 **【任务引入】** 某些机件的结构可以用单一剖切平面剖切，但是剖切平面不平行于基本投影面。	展示模型，结合多媒体课件演示剖切过程	认真观察，积极思考

续表

教学设计	教师活动	学生活动
【任务内容】 绘制如教材图 3–9a 所示的剖视图。	布置学习任务	明确学习任务
【任务分析】 任务一讲述了单一剖切平面的全剖视图，在识读和绘制此零件的剖视图过程中，可参照任务一。		
【相关知识】 1. 什么是单一剖切平面的全剖视图？（物体有倾斜结构） 2. 单一剖切平面的剖视图如何标注？ 3. 单一剖切平面的剖视图如何绘制？	设置引导问题	小组讨论，积极思考，回答问题
【任务实施】 1. 画基准线。 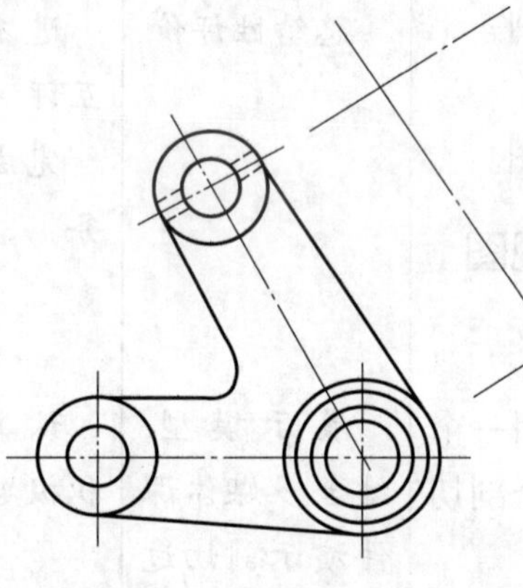	演示绘图过程	在教师指导下绘图
2. 画剖视图的主要轮廓线。 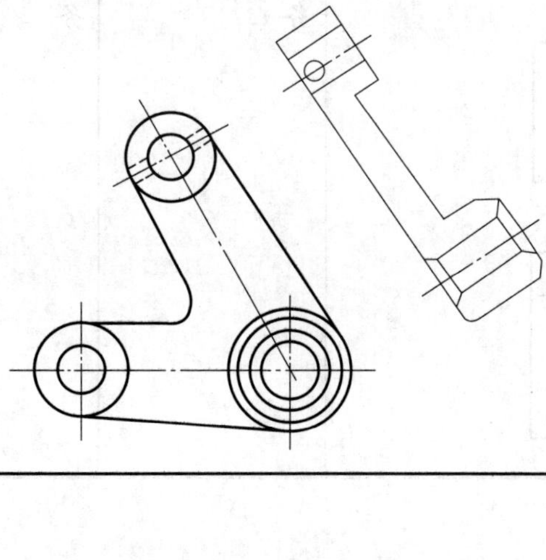	强调视图的放置，引导学生思考此剖视图与全剖视图、斜视图的区别	积极思考，回答问题

续表

教学设计	教师活动	学生活动
3．检查修正，区分实体和空心部分，画剖面线。 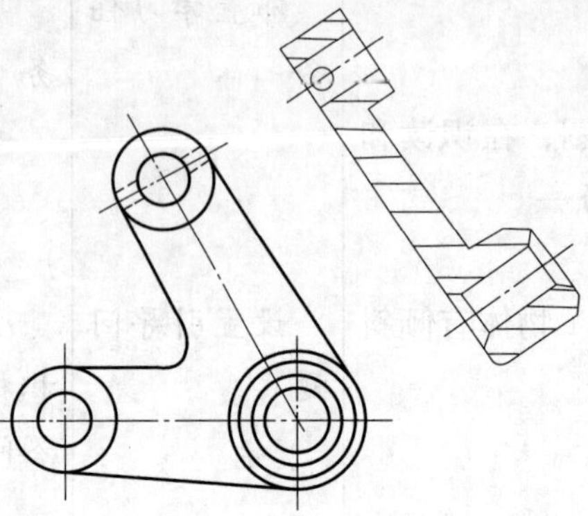	强调剖切符号及剖视图的标注	擦除多余线条，检查描深，完成视图
4．按标准描深图线，并进行标注，完成后如教材图 3-9b 所示。		
【任务评价】 小组自评或者互评任务完成情况，选择最优者做展评。	总结性评价	进行自评、互评
【拓展任务】 识读其他适合用单一剖切平面剖切的零件的视图。		完成拓展任务
任务五　绘制几个平行的剖切平面的剖视图		
【任务引入】 某些机件的内部结构不在一个平面上时，采用一个平面剖切不能完整地表达其内部结构，需要几个剖切平面来剖切。	展示模型，结合多媒体课件演示剖切过程	认真观察，积极思考
【任务内容】 根据下示视图，绘制几个平行剖切平面的剖视图。 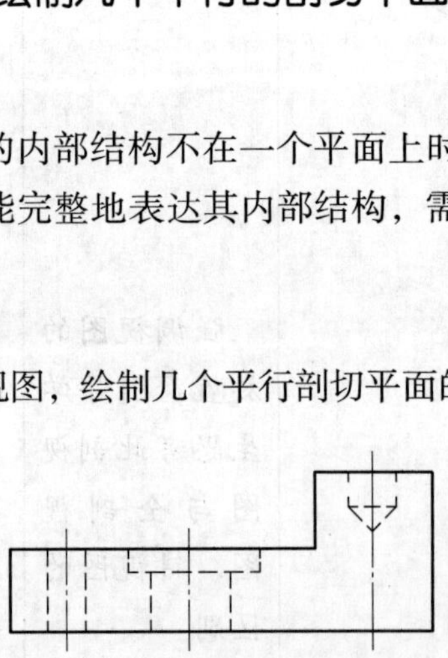	布置学习任务	明确学习任务

续表

教学设计	教师活动	学生活动
【任务分析】 此零件有三种不同的内部结构，需要用三个平行的剖切平面依次剖开。		
【相关知识】 1. 什么样的零件适合用几个平行剖切平面的全剖视图表达？ 2. 此种类型的剖视图是如何绘制的？ 3. 此种类型的剖视图是如何标注的？	设置引导问题	小组讨论，积极思考，回答问题
【任务实施】 1. 选择剖切位置，画剖切符号，画主视图基准线。 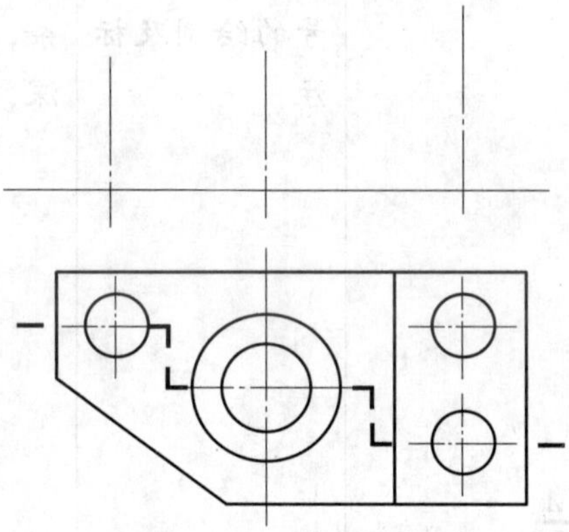	演示绘图过程 强调剖切位置的确定及剖切符号的绘制	在教师指导下绘图
2. 按剖切平面所剖到的要素，画剖视图主要轮廓线。 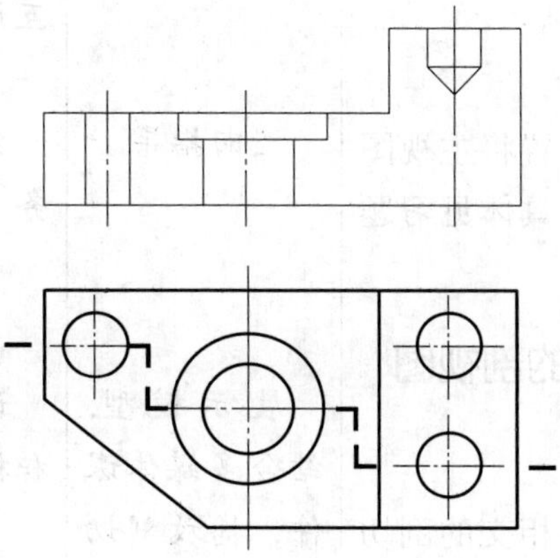	强调剖切平面是假想的，无须画出其投影	

续表

教学设计	教师活动	学生活动
3．检查修正，区分实体和空心部分，画剖面线。 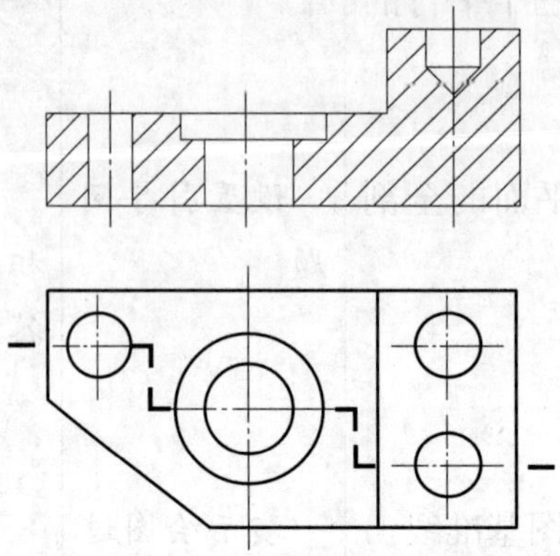		
4．按标准描深图线，并进行标注。 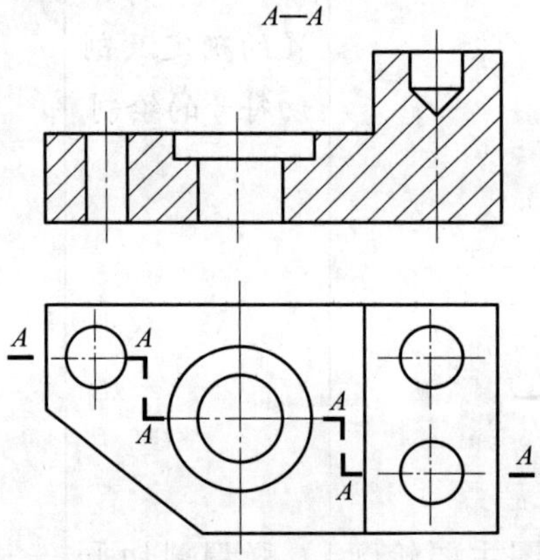	强调剖切符号的绘制及标注	擦除多余线条，检查描深，完成视图
【任务评价】 小组自评或者互评任务完成情况，选择最优者做展评。	总结性评价	进行自评、互评
【拓展任务】 用几个平行的剖切平面剖切，在指定位置将主视图改画成全剖视图，并按照规定进行标注，具体见习题册 P43。	巡回指导	完成拓展任务
任务六　绘制几个相交的剖切平面的剖视图 【任务引入】 某些机件具有回转结构，需要采用几个相交的剖切平面剖切来表达其内部结构。	展示模型，结合多媒体课件，播放剖切过程	认真观察，积极思考

续表

教学设计	教师活动	学生活动
【任务内容】 根据下示视图，绘制几个相交的剖切平面的剖视图。 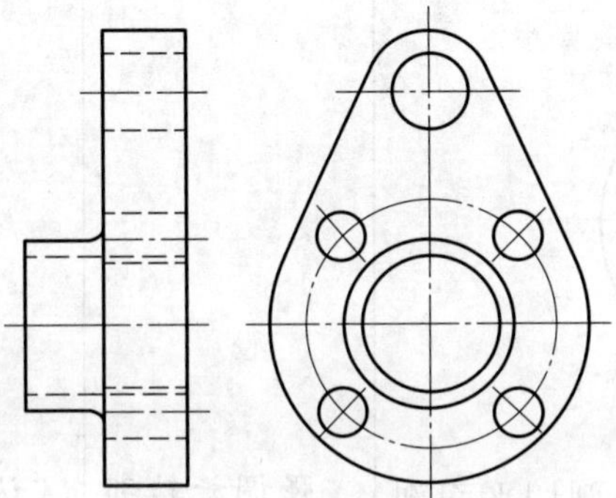	布置学习任务	明确学习任务
【任务分析】 本任务零件的内部结构不在一个平面上，其剖切平面也不在一个平面上。该零件有回转轴，可用几个相交的剖切平面剖开机件，画剖视图。	利用三维软件演示剖切过程	认真观察
【相关知识】 1. 什么样的零件适合用几个相交的剖切平面的剖视图表达？ 2. 此种类型的剖视图是如何绘制的？ 3. 此种类型的剖视图是如何标注的？	设置引导问题	小组讨论，回答问题
【任务实施】 1. 选择剖切位置，画剖切符号，画主视图基准线。 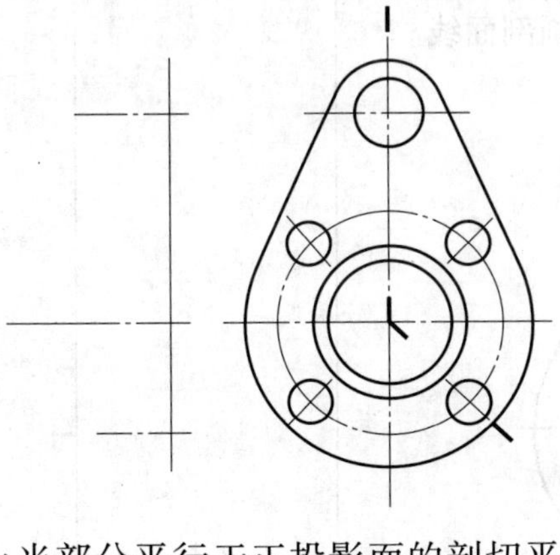 2. 画上半部分平行于正投影面的剖切平面剖到的结构。	演示绘图过程	在教师指导下绘图

续表

<table>
<tr><th>教学设计</th><th>教师活动</th><th>学生活动</th></tr>
<tr><td>3. 画倾斜投影面剖到的部分。将倾斜剖切平面剖到的断面及有关部分旋转到与正投影面平行后，再进行投射（箭头只用于说明，无须绘制）。

4. 检查修正，区分实体和空心部分，画剖面线。</td><td>强调旋转部分的画法</td><td>认真观察</td></tr>
</table>

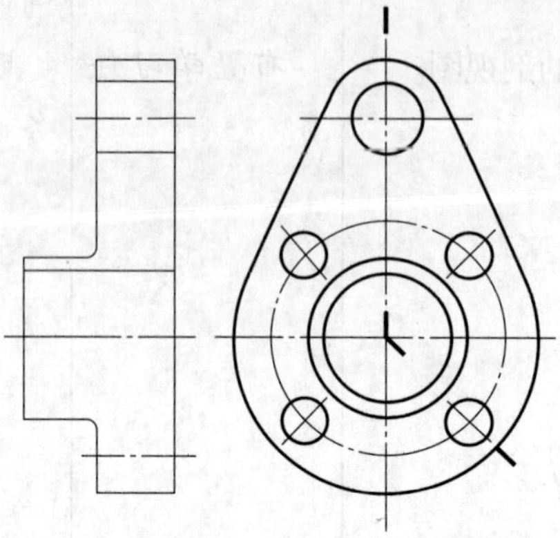

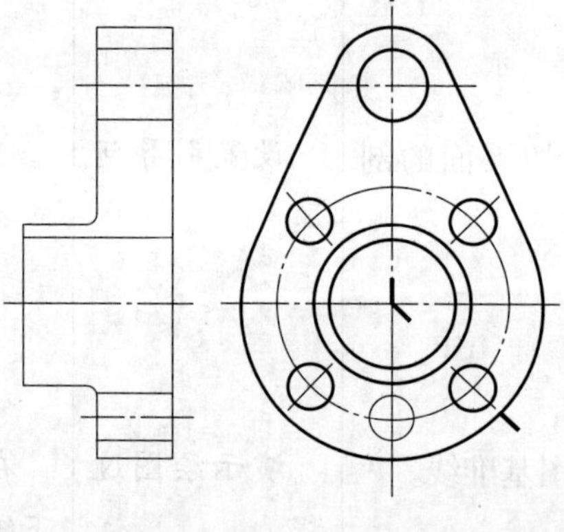

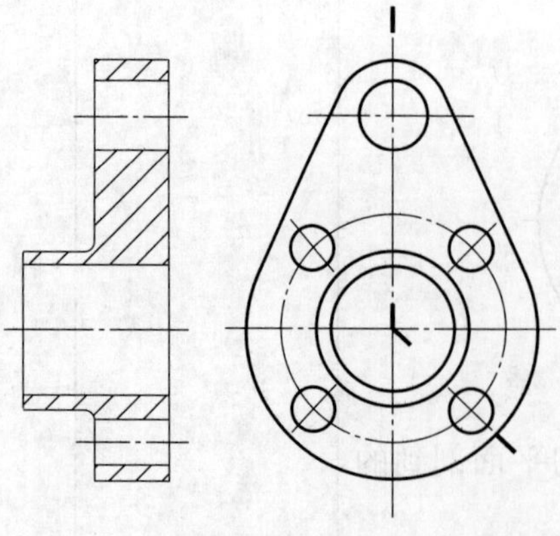

续表

教学设计	教师活动	学生活动
5. 按标准描深图线，并进行标注。 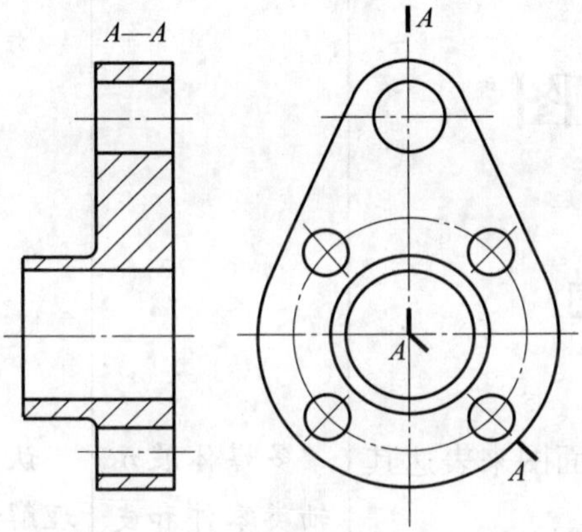	强调剖切符号的绘制及标注	擦除多余线条，检查描深，完成视图
【任务评价】 小组自评或者互评任务完成情况，选择最优者做展评。	总结性评价	进行自评、互评
【拓展任务】 用几个相交的剖切平面剖切，在指定位置将主视图改画成全剖视图，并按照规定进行标注，具体见习题册 P44。		完成拓展任务

课后作业	本节对应习题册
教学反思	

<table>
<tr><td>教师姓名</td><td></td><td>授课班级</td><td></td><td>授课日期</td><td></td></tr>
<tr><td>授课章节</td><td colspan="5">第三章　机械图样的基本表示法　§3–3　断面图</td></tr>
<tr><td>教具</td><td>绘图工具、模型、课件、三维设计软件等</td><td colspan="2">教学方法</td><td colspan="2">启发诱导法、直观演示法、讲练结合法、归纳总结法等</td></tr>
</table>

<table>
<tr><th>教学设计</th><th>教师活动</th><th>学生活动</th></tr>
<tr><td>

§3–3　断　面　图

任务一　绘制移出断面图

【任务引入】

某些轴类零件和支撑板等需要采用断面图来表达其结构。</td><td>多媒体展示轴类零件和支撑板的图片，讲解此类零件截面的特点</td><td>认真观察，理解记忆</td></tr>
<tr><td>【任务内容】

在合适位置绘制下示零件的断面图。</td><td>展示轴类零件模型，布置学习任务</td><td>认真观察，明确学习任务</td></tr>
<tr><td>【任务分析】

此零件为轴类零件，左端有一个键槽，右端有一个孔，一般采用移出断面图来表达其结构。

【相关知识】

1．什么是断面图？
2．断面图分为几种？
3．断面图是如何绘制的？
4．断面图是如何标注的？</td><td>设置引导问题，引导学生自主学习</td><td>查阅课本，回答问题</td></tr>
<tr><td>【任务实施】

1．确定剖切平面的位置，画基准线。</td><td></td><td></td></tr>
</table>

续表

教学设计	教师活动	学生活动
2．画主要轮廓线。 3．检查修正，画剖面线。	演示绘图过程 强调移出断面图的位置和标注 指导规范	在教师指导下绘图

续表

教学设计	教师活动	学生活动
4．按标准描深加粗，并标注。 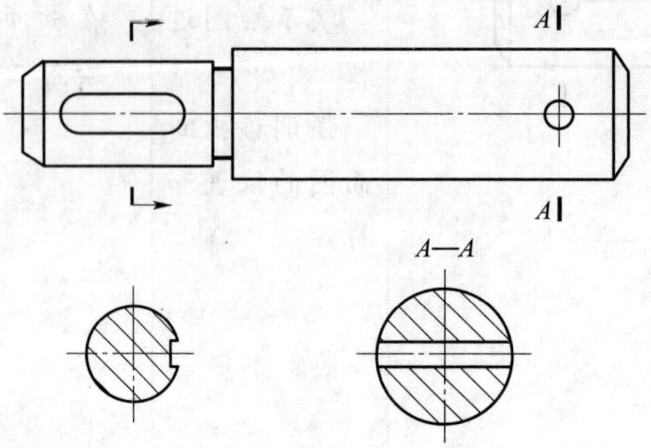		检查描深，总结移出断面图的绘图步骤
【任务评价】 小组自评或者互评任务完成情况，选择最优者做展评。	总结性评价	学生进行自评、互评
【拓展任务】 在指定位置画出移出断面图。 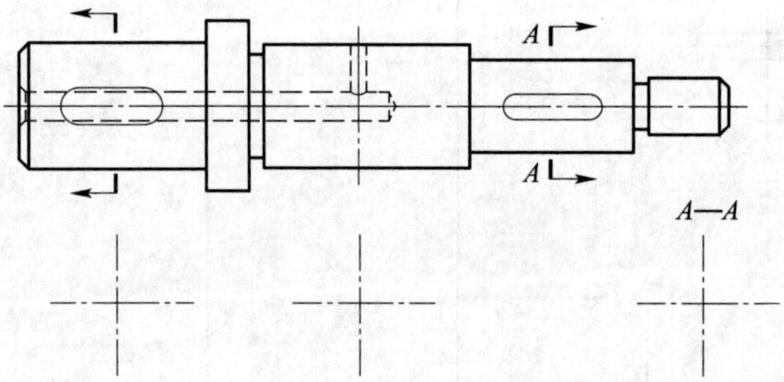	指导学生完成拓展任务	完成拓展任务
任务二　绘制重合断面图		
【任务引入】 某些零件视图的内部有比较大的空间，可以把断面图画在视图之内。		
【任务内容】 根据下示视图，绘制重合断面图。	展示相关零件图片	认真观看

续表

<table>
<tr><th>教学设计</th><th>教师活动</th><th>学生活动</th></tr>
<tr><td> 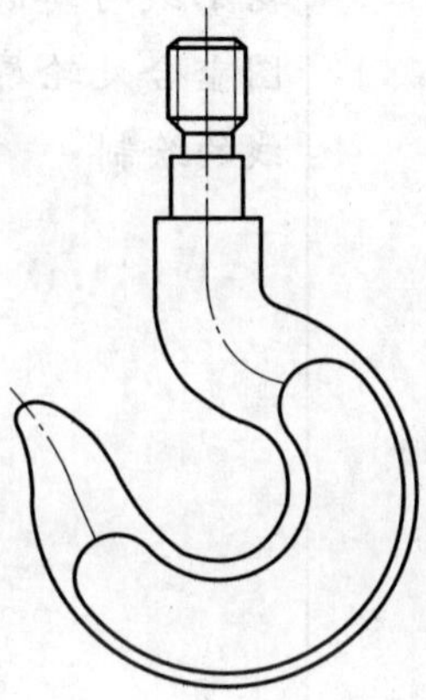</td><td>布置学习任务</td><td>明确学习任务</td></tr>
<tr><td>【任务分析】
此视图内部有较大空间，且适合用断面图来表达其结构。
【相关知识】
1. 什么是重合断面图?
2. 重合断面图是如何绘制的?
3. 重合断面图是如何标注的?</td><td>设置引导问题</td><td>查阅学习资料，回答引导问题</td></tr>
<tr><td>【任务实施】
1. 确定剖切平面的位置，画基准线。 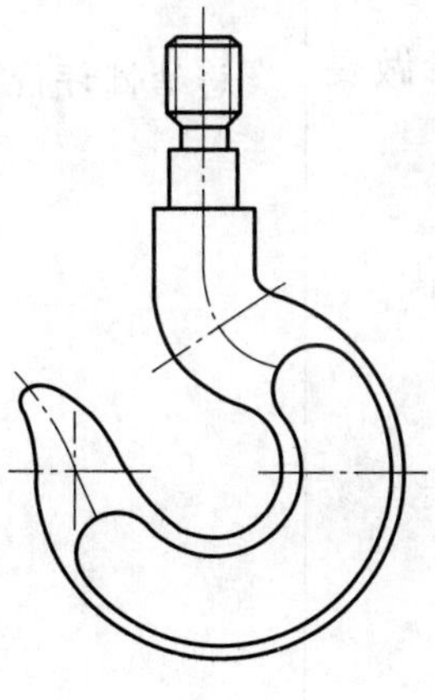</td><td>教师演示重合断面图的绘制过程</td><td>学生在教师指导下绘图</td></tr>
</table>

续表

教学设计	教师活动	学生活动
2. 画主要轮廓线。 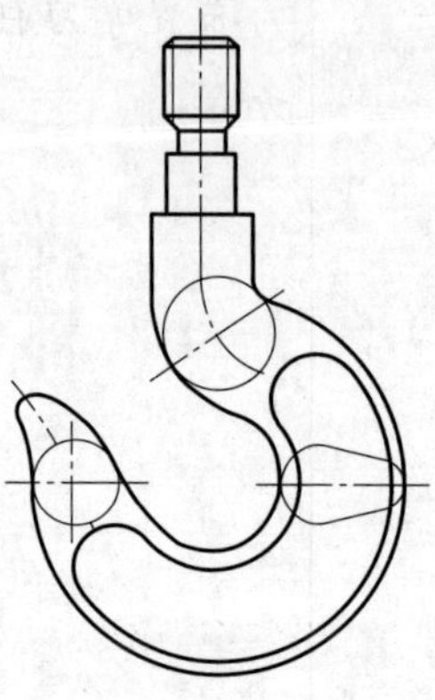	强调视图中轮廓线与断面图重合处轮廓线的绘制	理解记忆
3. 检查修正，画剖面线。 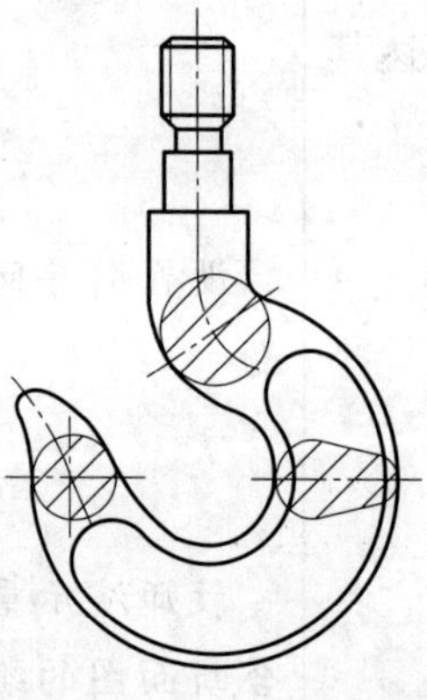	指导规范	检查描深，总结重合断面图的绘图步骤
【任务评价】 小组自评或者互评任务完成情况，选择最优者做展评。	总结性评价	进行自评、互评
【拓展任务】 在给定的主视图上，绘制下示零件的重合断面图。 		完成拓展任务

续表

教学设计		教师活动	学生活动
课后作业	本节对应习题册		
教学反思			

教师姓名		授课班级		授课日期	
授课章节	第三章 机械图样的基本表示法 §3-4 其他表示法				
教具	绘图工具、模型、课件等	教学方法	任务驱动法、讲练结合法、演示法、归纳总结法等		

教学设计	教师活动	学生活动
§3-4 其他表示法 **任务一 识读局部放大图** **【任务引入】** 某些零件上有细小的结构，可采用局部放大图表达。	展示零件图，讲解局部放大图的应用	认真观察，加强理解
【任务内容】 识读如教材图 3-12 所示局部放大图。 **【任务分析】** 识读时从视图入手，想象零件的实际结构，再识读断面图和局部剖视图，最后识读局部放大图。	布置学习任务	明确学习任务
【相关知识】 1．什么是局部放大图？ 2．局部放大图主要适用于什么样的零件？ 3．局部放大图是如何标注的？	设置引导问题，引导学生自主学习	查阅课本，回答问题

续表

教学设计	教师活动	学生活动
【任务实施】 1. 此零件主要用了几种表达方式？ 2. 有几处局部放大图？主要表达哪几个细微的结构？	巡回指导	小组讨论、分析，回答问题
【任务评价】 小组自评或者互评任务完成情况。	总结性评价	学生进行自评、互评
【拓展任务】 识读下示局部放大图。 Ⅰ Ⅱ Ⅲ Ⅰ/2.5 : 1 Ⅱ/5 : 1 Ⅲ/4 : 1	巡回指导	小组讨论，完成拓展任务
任务二 识读各种简化画法		
【任务引入】 除了以上表达方式，在不影响机件结构表达的情况下，可以采取简化画法。	展示零件图，讲解简化画法的应用	认真观察、加强记忆
【任务内容】 识读常见的简化画法（见教材表 3–10）。	布置学习任务	明确学习任务
【任务分析】 采用简化画法可使图样的绘制和识读更加简便。		
【相关知识】 1. 肋和轮辐是如何简化画出的？ 2. 肋和孔是如何简化画出的？ 3. 重复结构是如何简化画出的？ 4. 什么是断裂画法？ 5. 网状结构是如何简化画出的？ 6. 对称机件是如何简化画出的？ 7. 平面是如何简化画出的？	设置引导问题，引导学生自主学习	阅读教材，讨论分析，回答问题

续表

<table>
<tr><th colspan="2">教学设计</th><th>教师活动</th><th>学生活动</th></tr>
<tr><td colspan="2">【任务实施】
对照课本和实际模型，用多媒体演示，师生同步识读各种简化画法。
【任务评价】
小组自评或者互评任务完成情况。
【拓展任务】
思考普通画法和简化画法的区别。</td><td>集中讲解，强调简化画法的注意事项
总结性评价答疑</td><td>认真听讲，理解记忆，完成任务
学生进行自评、互评
完成拓展任务</td></tr>
<tr><td>课后作业</td><td colspan="3">本节对应习题册</td></tr>
<tr><td>教学反思</td><td colspan="3"></td></tr>
</table>

第四章 常用零部件和结构要素的特殊表示法

学时分配表

教学单元	教学内容	建议学时
常用零部件和结构要素的特殊表示法	§4-1　螺纹及螺纹紧固件的表示法	4
	§4-2　齿轮的画法	2
	§4-3　键连接和销连接的画法	0.5
	§4-4　滚动轴承的画法	0.5
	总计	7

教学目标

1. 能按规定画法绘制螺纹，并能识读螺纹标记。
2. 能绘制并识读装配图中常用的螺纹紧固件。
3. 能说出直齿圆柱齿轮的几何要素。
4. 能按圆柱齿轮的规定画法绘制齿轮，并识读齿轮图样。
5. 能识读销、键连接图。
6. 补充滚动轴承的内容。

教学重点

1. 螺纹及螺纹紧固件的绘制和识读。
2. 齿轮的绘制和识读。

教学难点

1. 螺纹及螺纹紧固件的绘制。
2. 齿轮的绘制。

教学建议

1. 在正式讲授机械零部件的画法和标注等内容前，可先简要介绍机械常识。
2. 教师可按下图总结、归纳本章的教学内容。

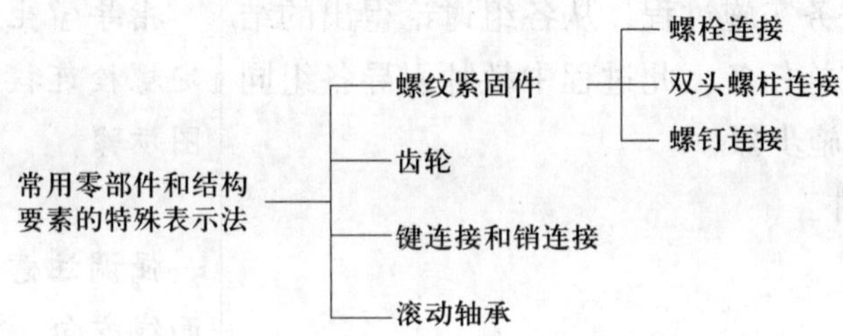

教学设计方案

<table>
<tr><td>教师姓名</td><td></td><td>授课班级</td><td></td><td>授课日期</td><td></td></tr>
<tr><td>授课章节</td><td colspan="5">第四章　常用零部件和结构要素的特殊表示法
§4-1　螺纹及螺纹紧固件的表示法</td></tr>
<tr><td>教具</td><td colspan="2">绘图工具、模型、课件等</td><td>教学方法</td><td colspan="2">任务驱动法、问题导向法、演示法、讲授法、分组讨论法等</td></tr>
<tr><td colspan="4">教学设计</td><td>教师活动</td><td>学生活动</td></tr>
<tr><td colspan="4">§4-1　螺纹及螺纹紧固件的表示法

任务一　绘制螺栓连接的平面图

【任务内容】
绘制如教材图 4-1 所示螺栓连接的平面图。</td><td>展示螺栓连接模型，引导学生分析其组成特点，布置学习任务</td><td>观察螺栓连接模型，发现螺栓连接的结构特点，扫描教材 P113 二维</td></tr>
</table>

续表

教学设计	教师活动	学生活动
【任务分析】 在绘制过程中，首先必须了解螺栓连接的原理，可将图分为4个部分：被连接件、螺栓、垫圈、螺母，依次绘制出这4个部分的视图，即为螺栓连接的平面图。		码，观看螺栓连接形成过程，分析其组成特点
【任务实施】 学生分组讨论任务实施过程，从各组讨论得出的结果中选取正确的实施任务。此过程中教师引导各组同学讨论得出最优实施步骤。 1. 绘制被连接件。 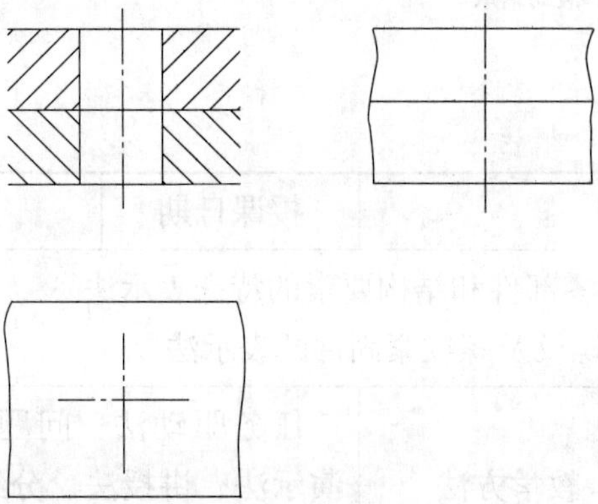	指导学生制定螺栓连接作图步骤 强调注意剖面线方向	查阅资料，学习绘制螺栓连接平面图的注意事项 规范绘制剖面线
2. 绘制螺栓的三视图。 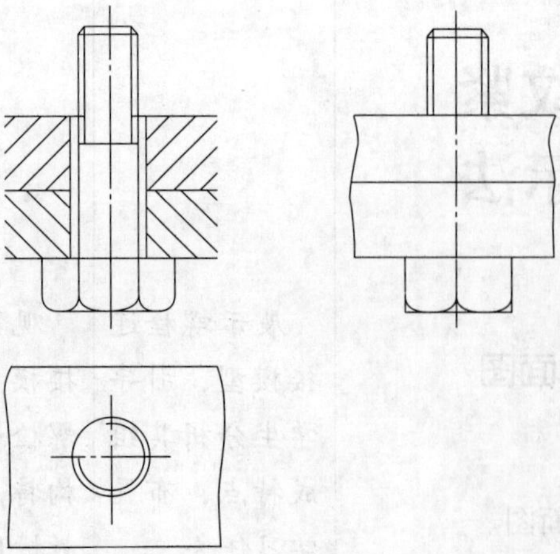	引导学生回顾绘制外螺纹的注意事项 强调绘制螺栓紧固件近似画法时的比例关系	回顾绘制外螺纹的注意事项 查阅资料，确定螺栓紧固件近似画法比例关系，按照比例关系规范作图

续表

教学设计	教师活动	学生活动
3. 绘制垫圈的三视图。 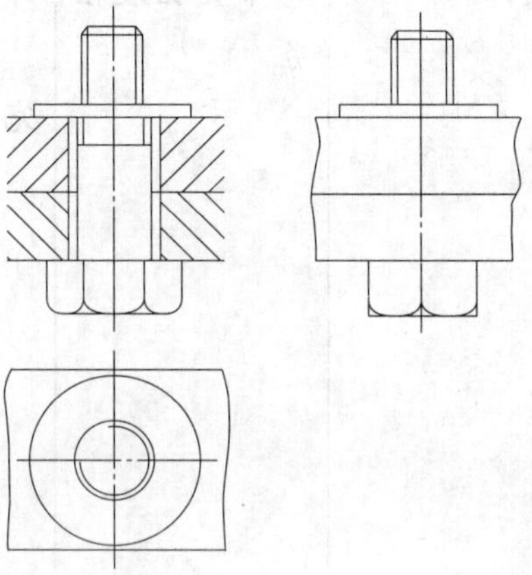	引导学生查阅资料，确定绘制垫圈、螺母的比例关系	查阅资料，确定绘制垫圈、螺母时的比例关系
4. 绘制螺母的三视图。 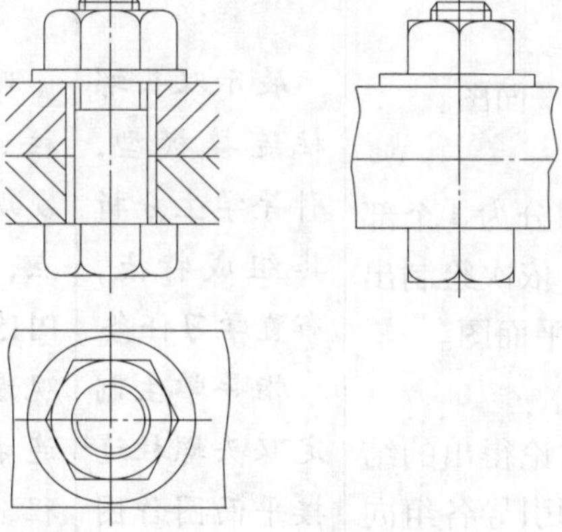	引导学生回顾绘制内、外螺纹连接的注意事项 强调规范作图，注意“三等”规律	回顾绘制内、外螺纹连接的注意事项 明确绘制螺母时的比例关系
5. 加深描粗。 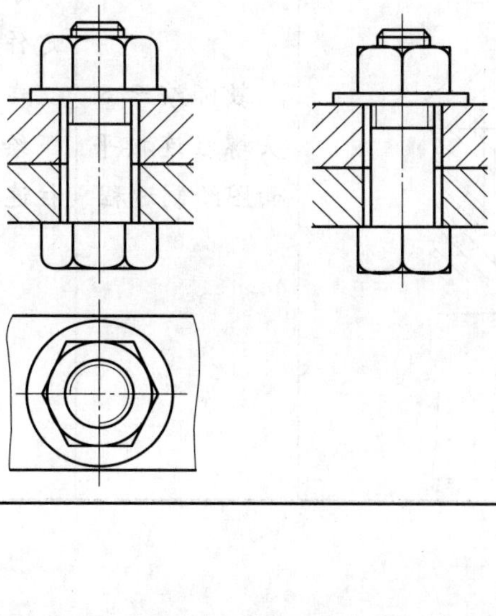		规范作图，检查并描粗

续表

教学设计	教师活动	学生活动
【任务评价】 小组自评或互评完成情况，将最优者做展评。 【拓展任务】 下图中应如何绘制螺栓连接？ 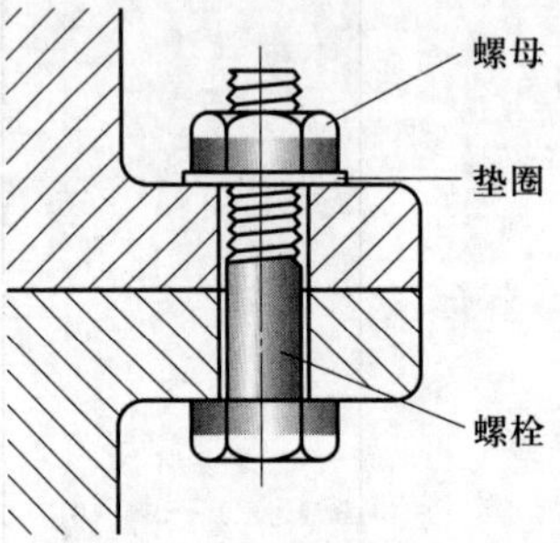 螺母 垫圈 螺栓	总结性评价 布置拓展任务	学生进行自评、互评 查阅资料，完成拓展任务
任务二　绘制双头螺柱连接的平面图 【任务内容】 绘制如教材图 4-3 所示双头螺柱连接的平面图。 【任务分析】 首先了解双头螺柱连接的原理，可将图分为 4 个部分：被连接件、双头螺柱、垫圈、螺母，依次绘制出这 4 个部分的视图，即为双头螺柱连接的平面图。 【任务实施】 学生分组讨论任务实施过程，从各组讨论得出的结果中选取正确的实施任务。此过程中教师引导各组同学讨论得出最优实施步骤。 1. 画被连接件 1。　　2. 画被连接件 2。 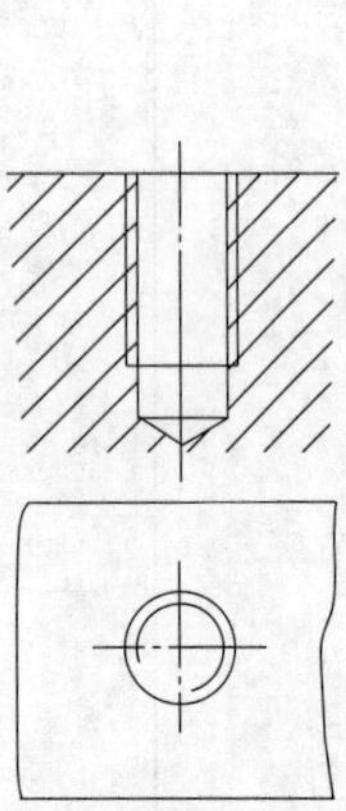 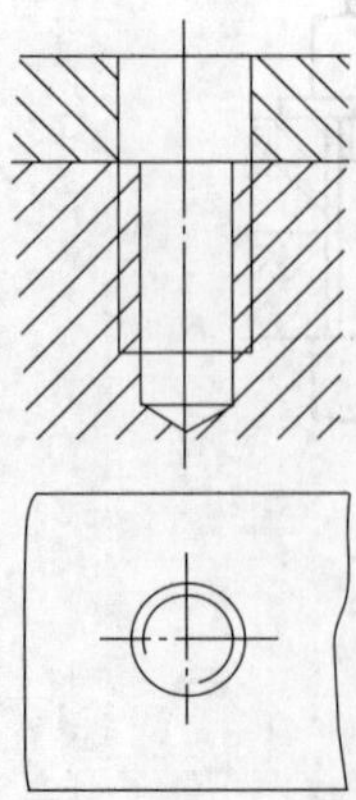	展示双头螺柱连接模型，引导学生分析其组成特点，布置学习任务 指导学生制定双头螺柱连接平面图作图步骤 教师演示双头螺柱连接平面图绘制过程	观察双头螺柱连接模型，发现其连接特点，扫描教材 P115 二维码，观看双头螺柱连接形成过程，分析其结构特点及组成 小组讨论制定作图步骤 在教师指导下绘制双头螺柱连接平面图

续表

教学设计	教师活动	学生活动
3．画双头螺柱。 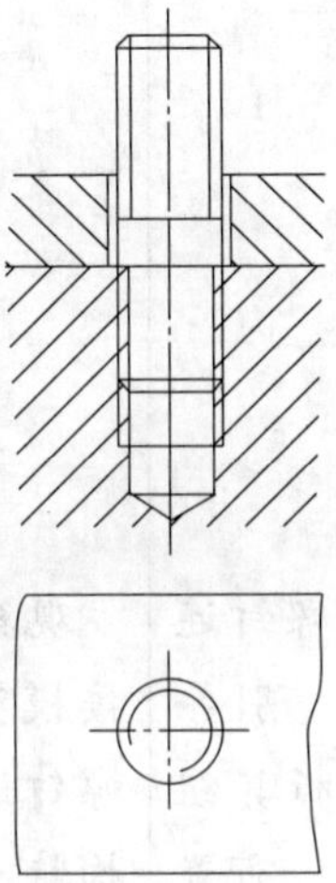 4．画垫圈。 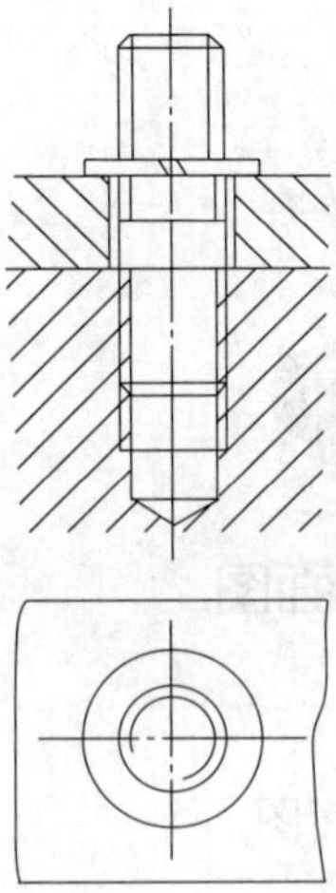 5．画螺母。 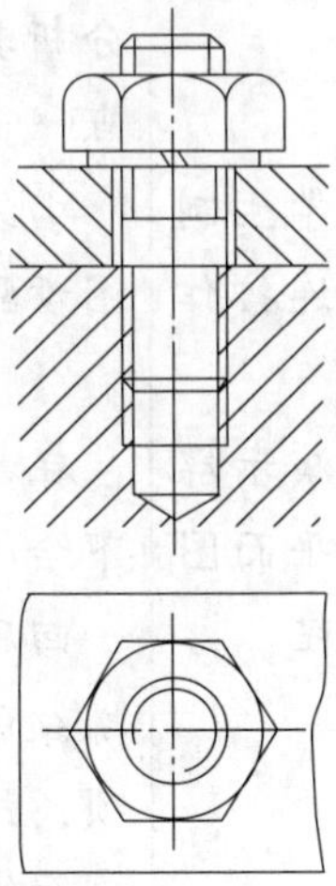 6．加深描粗。 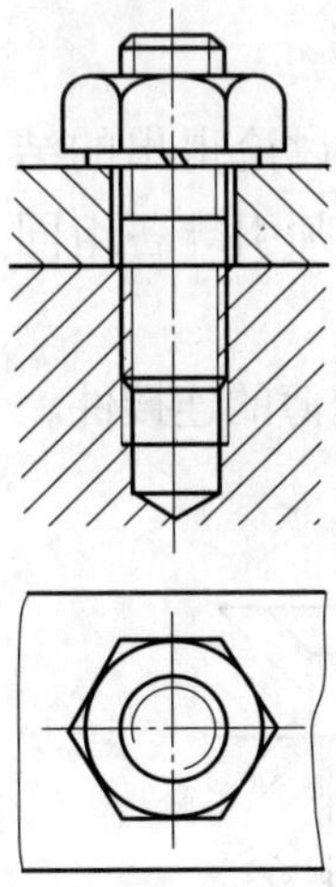	强调绘制双头螺柱连接平面图的注意事项 引导学生回顾绘制内、外螺纹的注意事项 强调规范绘制剖面线的注意事项 强调规范作图	查阅资料，学习绘制双头螺柱连接平面图的注意事项 回顾绘制内、外螺纹的注意事项，规范作图 规范绘制剖面线 规范作图，检查并描粗
【任务评价】 小组自评或者互评任务完成情况，选择最优者做展评。	总结性评价	学生进行自评、互评
【拓展任务】 结合实物和图样，了解更多双头螺柱的应用。	布置拓展任务	查阅资料，完成拓展任务

续表

教学设计	教师活动	学生活动
 **任务三　绘制螺钉连接的平面图** 【任务内容】 绘制如教材图 4–5 所示螺钉连接的平面图。 【任务分析】 在绘制过程中，首先必须了解螺钉连接的原理，可将图分为两部分：被连接件和螺钉，依次绘制出这两部分的视图，即为螺钉连接的平面图。	展示螺钉连接模型，引导学生分析其组成特点，布置学习任务	观察螺钉连接模型，发现螺钉连接的结构特点，扫描教材 P115 二维码，观看螺钉连接形成过程，分析其组成特点
【任务实施】 学生分组讨论任务实施过程，从各组讨论得出的结果中选取正确的实施任务。此过程中教师引导各组同学讨论得出最优实施步骤。 1. 绘制较厚的连接件。 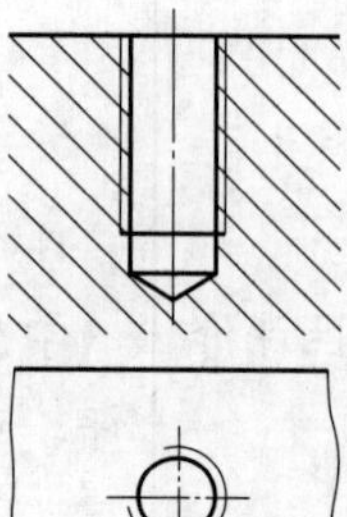　2. 绘制较薄的连接件。 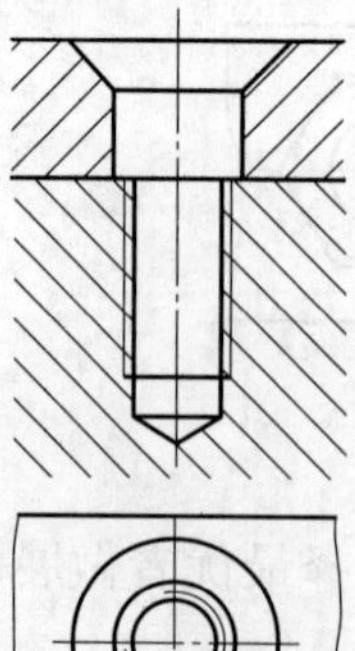	指导学生制定螺钉连接作图步骤 教师演示螺钉连接平面图绘制过程	小组讨论作图步骤 在教师指导下绘图 回顾绘制外螺纹的注意事项，规范绘制剖面线

续表

教学设计	教师活动	学生活动
3. 绘制螺钉。 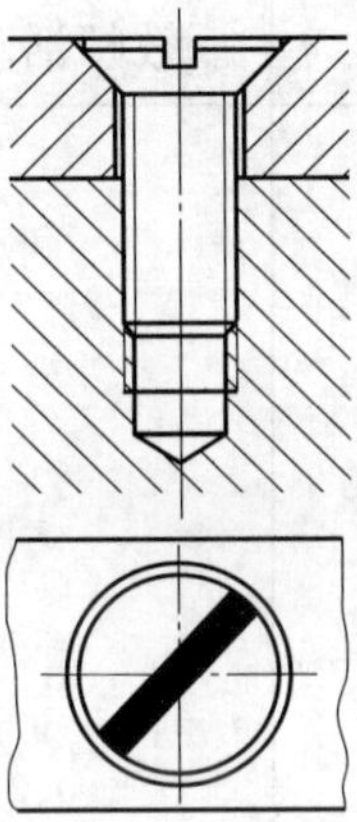	强调绘制螺钉连接平面图的注意事项 强调绘制螺钉紧固件近似画法时的比例关系	查阅资料，学习绘制螺钉连接平面图的注意事项，确定螺钉紧固件近似画法比例关系，按照比例关系规范作图
【任务评价】 小组自评或者互评任务完成情况，选择最优者做展评。	总结性评价	学生进行自评、互评
【拓展任务】 结合实物和图样，了解更多螺钉的应用。 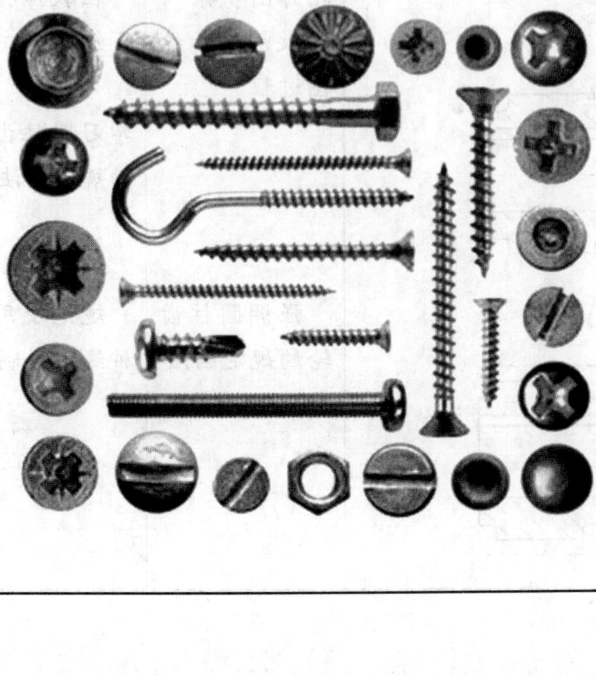	布置拓展任务	查阅资料，完成拓展任务

<table>
<tr><td>教师姓名</td><td></td><td>授课班级</td><td></td><td>授课日期</td><td></td></tr>
<tr><td>授课章节</td><td colspan="5">第四章　常用零部件和结构要素的特殊表示法　§ 4–2　齿轮的画法</td></tr>
<tr><td>教具</td><td colspan="2">绘图工具、模型、课件等</td><td>教学方法</td><td colspan="2">任务驱动法、问题导向法、演示法、讲授法、分组讨论法等</td></tr>
<tr><td colspan="4">教学设计</td><td>教师活动</td><td>学生活动</td></tr>
<tr><td colspan="4">

<h1>§ 4–2　齿轮的画法</h1>

<h2>任务一　绘制单个直齿圆柱齿轮视图</h2>

【任务内容】
绘制如教材图 4–9a 所示单个直齿圆柱齿轮的视图。
【任务分析】
齿轮的轮齿有很多个，画图时按照以前的绘制方式要画很多个轮齿，步骤较烦琐。
【任务实施】
学生分组讨论任务实施过程，从各组讨论得出的结果中选取正确的实施任务。此过程中教师引导各组同学讨论得出最优实施步骤。
1．绘制齿轮的轮体。 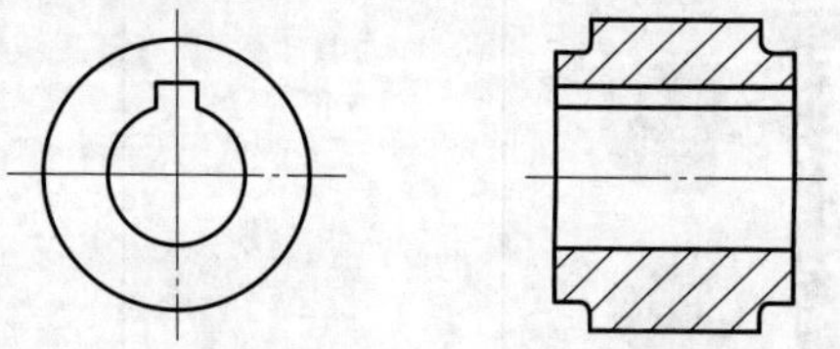
2．绘制齿轮的分度圆。

</td><td>展示齿轮模型，引导学生分析其特点

指导学生制定直齿圆柱齿轮作图步骤
教师演示绘图过程

强调圆柱齿轮的规定画法</td><td>观察齿轮模型，分析其特点
扫描教材 P118 二维码观看圆柱齿轮作图过程，小组讨论作图步骤
在教师指导下绘图
查阅资料，学习圆柱齿轮的规定画法

规范使用各种线型绘制</td></tr>
</table>

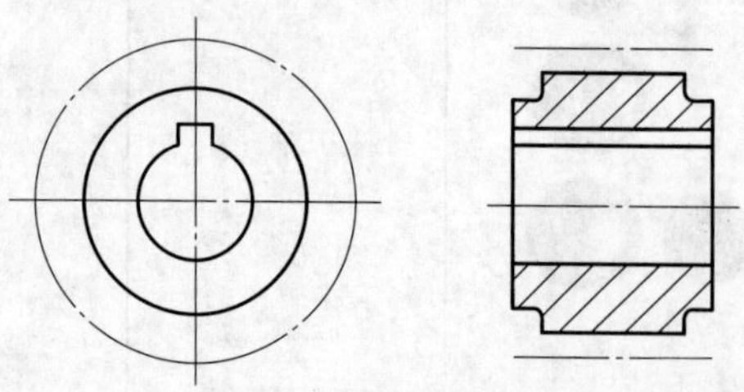

续表

教学设计	教师活动	学生活动
3．绘制齿根圆。 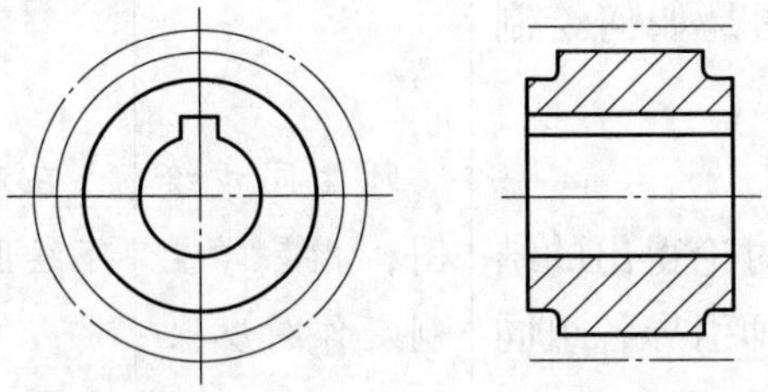	强调规范使用各种线型进行绘制	
4．绘制齿顶圆。 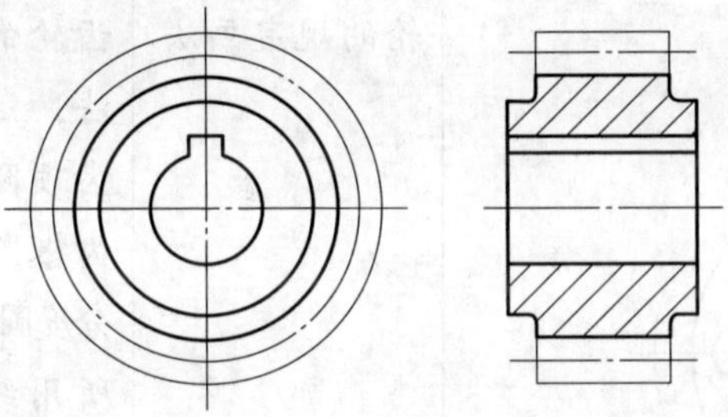	强调规范绘制剖面线	规范绘制剖面线
5．加深描粗。 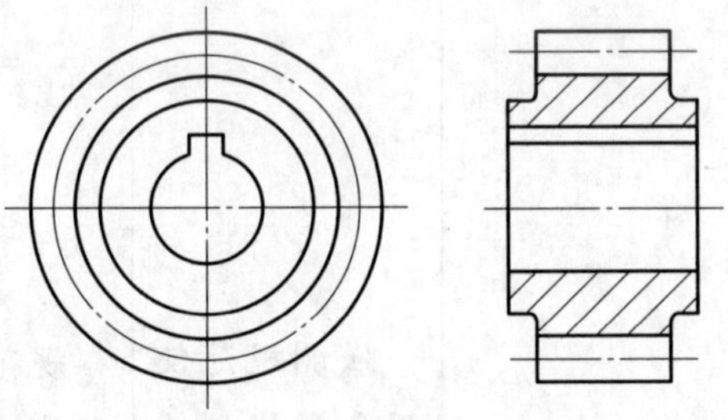	强调规范作图，注意“三等”规律	规范作图，检查并描粗
【任务评价】 小组自评或者互评任务完成情况，选择最优者做展评。	总结性评价	学生进行自评、互评
【拓展任务】 思考不同零件上的单个齿轮的识读和画法。	布置拓展任务	查阅资料，完成拓展任务
任务二　绘制圆柱齿轮啮合图 **【任务内容】** 绘制习题册 P55 所示齿轮啮合图。	展示齿轮啮合模型，引导学生分析其特点	观察齿轮啮合模型，发现齿轮啮合的结构特点，小组讨论作图步骤

续表

教学设计	教师活动	学生活动
【任务分析】 本任务的主要内容是研究齿轮啮合图是如何绘制的，应结合剖视图和单个齿轮视图绘制。		
【任务实施】 学生分组讨论任务实施过程，从各组讨论得出的结果中选取正确的实施任务。此过程中教师引导各组同学讨论得出最优实施步骤。	师生同步绘图，指导学生制定作图步骤	在教师指导下绘图
1．绘制大、小齿轮的分度圆和分度线。 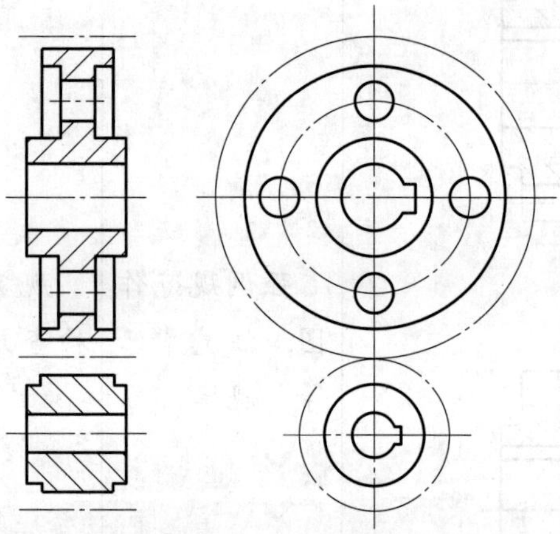	强调圆柱齿轮的规定画法	回顾单个齿轮的绘制方法，注意绘制齿顶圆（线）、齿根圆（线）、分度圆（线）时所用线型的不同
2．绘制大、小齿轮的齿顶圆和齿顶线。 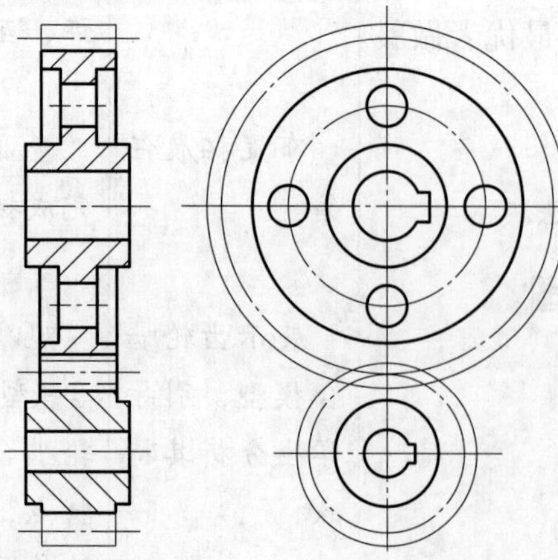	强调规范使用各种线型绘制齿轮	规范使用各种线型绘制齿轮

续表

教学设计	教师活动	学生活动
3. 加深描粗。 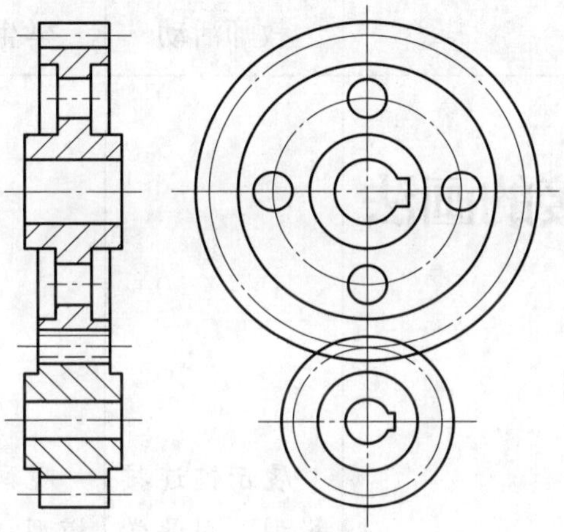	强调齿轮啮合区域的规定画法	查阅资料，学习齿轮啮合区域的绘制方法 规范作图，检查并描粗
【任务评价】 小组自评或者互评任务完成情况，选择最优者做展评。	总结性评价	学生进行自评、互评
【拓展任务】 结合图样和实际零件，识读更多齿轮啮合图。 	布置拓展任务	查阅资料，完成拓展任务

教师姓名		授课班级		授课日期	
授课章节	第四章　常用零部件和结构要素的特殊表示法 §4–3　键连接和销连接的画法				
教具	绘图工具、模型、课件等		教学方法	任务驱动法、问题导向法、演示法、讲授法、分组讨论法等	

教学设计	教师活动	学生活动
# §4–3　键连接和销连接的画法 ## 任务一　绘制键连接图		
【任务内容】 绘制如教材图 4–13 所示键连接图。 【任务分析】 在绘制过程中，首先必须了解键连接的原理，可将图分为轴、轴套、键三个部分，依次绘制出这三个部分的视图，即为键连接的平面图。	展示键连接模型，引导学生分析其特点	观察键连接模型，分析其特点
【任务实施】 学生分组讨论任务实施过程，从各组讨论得出的结果中选取正确的实施任务。此过程中教师引导各组同学讨论得出最优实施步骤。 1．绘制轴的两视图的基准线。	指导学生制定作图步骤 教师演示绘图过程	扫描教材 P121 二维码，观看键连接作图过程，小组讨论作图步骤 在教师指导下绘图
2．绘制轴的两视图。	强调规范绘制轴、轴套	规范使用各种线型绘制轴、轴套的两视图

续表

教学设计	教师活动	学生活动
3. 绘制轴套的两视图，并标注剖切符号。 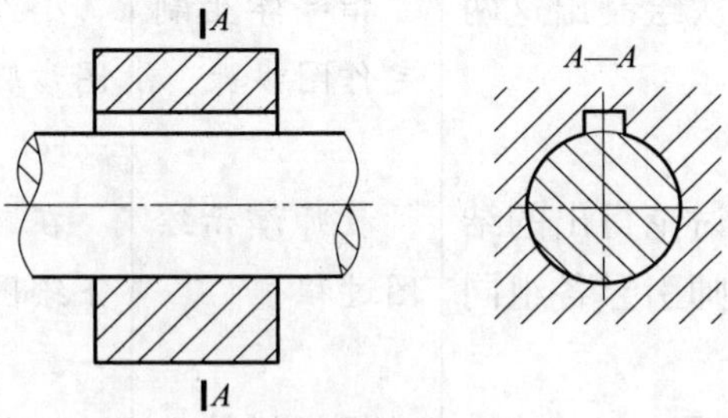 A　A—A　A	强调规范绘制剖面线	规范绘制剖面线
4. 绘制普通平键的两视图。 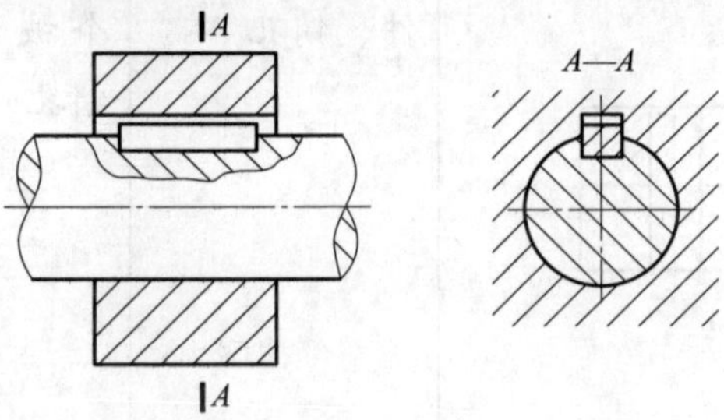 A　A—A　A	强调绘制键连接的注意事项 强调规范作图，注意“三等”规律	查阅资料，明确绘制键连接的注意事项 规范作图，检查并描粗
【任务评价】 小组自评或者互评任务完成情况，选择最优者做展评。 【拓展任务】 结合实物和图样，了解更多种不同类型的键及其应用。 	总结性评价 布置拓展任务	学生进行自评、互评 查阅资料，完成拓展任务
学习任务二　绘制销连接图 【任务内容】 绘制销连接图。 【任务分析】 在绘制过程中，首先必须了解销连接的原理，可	展示销连接模型，引导学生分析其特点	观察销连接模型，分析其特点

续表

教学设计	教师活动	学生活动
将图分为两个部分：被连接件、销，依次绘制出这两个部分的视图，即为销连接的平面图。	指导学生制定作图步骤	小组讨论作图步骤
【任务实施】 学生分组讨论任务实施过程，从各组讨论得出的结果中选取正确的实施任务。此过程中教师引导各组同学讨论得出最优实施步骤。	教师演示绘图过程	在教师指导下绘图
1．绘制两个被连接件。　2．绘制销孔。 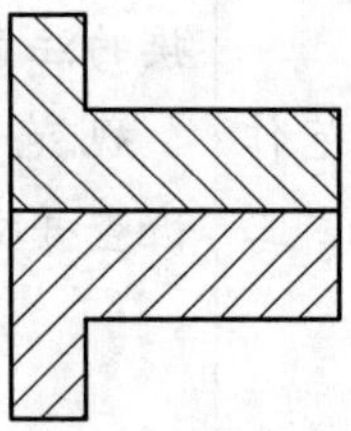 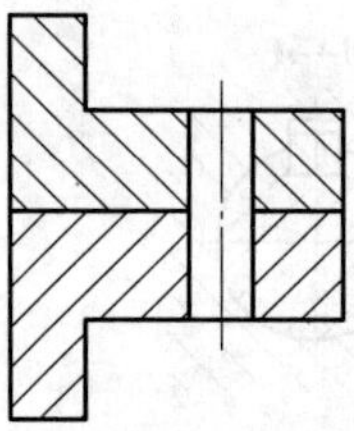	强调规范绘制两个被连接件、销孔	规范使用各种线型绘制两个被连接件、销孔
3．绘制圆柱销。 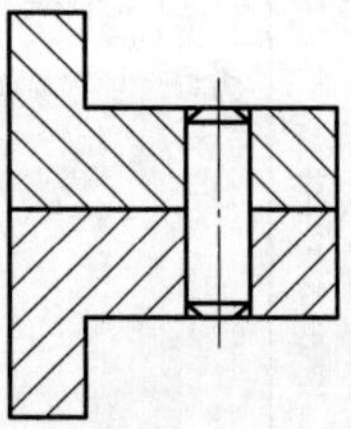	强调规范作图	规范绘制圆柱销，检查并描粗
【任务评价】 小组自评或者互评完成情况，选择最优者做展评。	总结性评价	学生进行自评、互评
【拓展任务】 结合实物和图样，认识各种不同的销及其应用。	布置拓展任务	查阅资料，完成拓展任务

教师姓名		授课班级		授课日期	
授课章节	第四章　常用零部件和结构要素的特殊表示法　§4-4　滚动轴承的画法				
教具	绘图工具、模型、课件等		教学方法	任务驱动法、问题导向法、演示法、讲授法、分组讨论法等	

教学设计	教师活动	学生活动
§4-4　滚动轴承的画法 **任务　识读滚动轴承的代号和表示法** **【任务内容】** 识读滚动轴承的代号和表示法。 滚动轴承　6 2 03　GB/T 276—2013 轴承内径 d=17mm 尺寸系列(02)代号 深沟球轴承	展示滚动轴承模型，引导学生分析其特点	观察滚动轴承模型，分析其特点
【任务分析】 滚动轴承用代号来表示其种类和各种尺寸要求，因此需要识读其代号，以判断轴承的种类和尺寸。 **【相关知识】** 1．滚动轴承的代号中各数字分别代表什么？ 2．滚动轴承是如何表示的？ **【任务实施】** 1．根据代号顺序识读数字和字母代表的意义。 2．掌握各种不同类型的轴承的表示法。	展示实物，引导学生明确滚动轴承的结构、标记、表示法	以小组为单位，查阅资料，对照模型，明确常用滚动轴承的结构、标记、表示法
【任务评价】 小组自评或者互评任务完成情况，选择最优者做展评。	总结性评价	学生进行自评、互评

续表

教学设计	教师活动	学生活动
【拓展任务】 结合实物和图样，了解轴承的应用场合。	布置拓展任务	查阅资料，完成拓展任务
课后作业	本章对应习题册	
教学反思		

第五章 零件图

学时分配表

教学单元	教学内容	建议学时
零件图	§5–1 零件图概述	0.5
	§5–2 零件表达方案的选择	0.5
	§5–3 零件图的尺寸标注	1
	§5–4 零件图上的技术要求	3
	§5–5 识读零件图	4
	总计	9

教学目标

1. 能简述零件图的内容和作用。
2. 能初步确定较简单零件的表达方案。
3. 能简述零件图尺寸标注的一般规则。
4. 能识读零件图上标注的尺寸。
5. 能识读零件图上的极限与配合、几何公差、表面结构要求。
6. 能简述各项技术要求所代表的含义。
7. 能识读中等复杂程度的零件图。

教学重点

1. 零件图上的尺寸标注。
2. 零件图上的技术要求。
3. 识读各类典型零件的零件图。

教学难点

1. 识读零件图上的尺寸标注。
2. 识读零件图上的技术要求。
3. 能正确理解零件图上的技术要求及所有图线、符号和文字传递的信息。

教学建议

1. 强调零件图本身的重要性。
2. 联系生产实际，加强实践性教学环节，精讲多练，以练为主。
3. 技术要求部分应偏重讲解含义和注法规定。

教学设计方案

<table>
<tr><td>教师姓名</td><td></td><td>授课班级</td><td></td><td>授课日期</td><td></td></tr>
<tr><td>授课章节</td><td colspan="5">第五章　零件图　§5–1　零件图概述</td></tr>
<tr><td>教具</td><td colspan="2">绘图工具、模型、课件等</td><td>教学方法</td><td colspan="2">任务驱动法、问题导向法、演示法、讲授法、分组讨论法等</td></tr>
<tr><td colspan="4">教学设计</td><td>教师活动</td><td>学生活动</td></tr>
<tr><td colspan="4"># §5–1　零件图概述

【课程导入】
利用多媒体展示往届学生绘制的零件图。
【相关知识】
1．零件图的内容
一组视图、完整的尺寸、技术要求和标题栏。
2．零件图的作用
零件图是表达零件的形状、大小、材料和加工要求的图样，是制造和检验零件的依据，是生产部门的基本技术文件。</td><td>启发学生分析零件图，培养学生对图样的兴趣

启发学生总结零件图的内容、作用</td><td>分析零件图

分析图样，查阅资料，总结零件图的内容、作用</td></tr>
</table>

<table>
<tr><td>教师姓名</td><td></td><td>授课班级</td><td></td><td>授课日期</td><td></td></tr>
<tr><td>授课章节</td><td colspan="5">第五章　零件图　§5-2　零件表达方案的选择</td></tr>
<tr><td>教具</td><td colspan="2">绘图工具、模型、课件等</td><td>教学方法</td><td colspan="2">任务驱动法、问题导向法、演示法、讲授法、分组讨论法等</td></tr>
<tr><td colspan="4">教学设计</td><td>教师活动</td><td>学生活动</td></tr>
<tr><td colspan="4">§5-2　零件表达方案的选择

【提出问题】
如教材图 5-1、图 5-2 所示，哪种表达方案更简练、合理?
【解答问题】
1. 主视图的选择
(1) 应显示零件形状和位置特征。
(2) 应符合零件的加工位置或工作位置。
2. 其他视图的选择
要分析零件还有哪些结构、形状未表达清楚，再考虑如何将主视图尚未表达清楚的部位辅以其他视图表达，并使每个视图都有表达重点。在选择视图时，应优先选择基本视图以及在基本视图上作剖视图。总之，要在满足看图方便和充分表达清楚零件结构、形状的前提下，尽量减少视图数量，力求制图简便。
【评价补充】
教师根据问题回答情况对各小组评分，及时解释、说明问题回答过程中的不足。</td><td>启发学生分析汽车活塞销的表达方案
展示不同类型的零件及其图样，引导学生分析零件的特点及其对应的图样，并总结主视图及其他视图的选择原则

教师评价、总结</td><td>仔细分析汽车活塞销的两种表达方案，小组讨论哪种方案更为简练、合理
仔细分析、研究零件的特点及其对应图样，查阅资料，分组讨论，明确主视图和其他视图的选择原则

认真听讲、整理笔记</td></tr>
</table>

教师姓名		授课班级		授课日期	
授课章节	第五章　零件图　§5-3　零件图的尺寸标注				
教具	绘图工具、模型、课件等	教学方法	任务驱动法、问题导向法、演示法、讲授法、分组讨论法等		

教学设计	教师活动	学生活动

§5-3　零件图的尺寸标注

教学设计	教师活动	学生活动
【提出问题一】 怎样合理选择尺寸基准？	提出问题	思考问题
【解答问题】 每个零件都有长、宽、高三个方向的尺寸，每个方向至少要选择一个尺寸基准。有时根据设计、制造、测量的需要，还会附加一些基准，它们称为辅助基准。 用作基准的几何元素通常为零件的主要加工面、对称平面、主要回转轴线、重要支承面或接合面。 常见的尺寸基准如教材图 5-8 所示。	教师提示、引导 解释尺寸基准的概念	学生自主学习相关内容，小组讨论后，分组回答问题 明确尺寸基准的概念
【提出问题二】 合理标注尺寸的一般原则有哪些？	提出问题	思考问题
【解答问题】 首先要便于加工和测量，考虑符合加工工序的要求，考虑测量方便，考虑符合工艺要求，非加工面与加工面的尺寸标注如教材图 5-14 所示。 其次，重要尺寸直接标出（见教材图 5-9）。避免出现封闭尺寸链（见教材图 5-10），封闭尺寸链是指尺寸线首尾相接，绕成一整圈的一组尺寸。因为每个尺寸的精度都将受到其他尺寸的影响，如教材图 5-10b 中尺寸 l_4 的误差是 l_1、l_2、l_3 各段误差的总和，精度难以保证。因此，应选一个尺寸链中最不重要的尺寸空出不标注，以便使所有的尺寸误差都积累到这一段上，从而保证重要尺寸的精度要求。	列举实例，帮助学生理解封闭尺寸链	分析教材图 5-9 中的重要尺寸 分析教材图 5-10 中的尺寸，明确封闭尺寸链 分析实例，理解加工面与非加工面的尺寸标注

续表

教学设计	教师活动	学生活动
【评价补充】 教师根据问题回答情况对各小组评分，及时解释、说明问题回答过程中的不足。		

教师姓名		授课班级		授课日期	
授课章节	第五章 零件图 §5-4 零件图上的技术要求				
教具	绘图工具、模型、课件等		教学方法	任务驱动法、问题导向法、演示法、讲授法、分组讨论法等	

教学设计	教师活动	学生活动
§5-4 零件图上的技术要求		
【提出问题一】 教材表5-2中轴和孔的公称尺寸、上极限尺寸和下极限尺寸、上极限偏差和下极限偏差、尺寸公差分别是多少？	提出问题	思考问题
【相关知识】 1. 公称尺寸 2. 极限尺寸 3. 极限偏差 4. 尺寸公差 5. 公差带及公差带图 6. 标准公差 7. 基本偏差	提示、引导，发现问题并统一纠正	学生自主学习相关内容，小组讨论、计算后，分组回答问题
【评价补充】 教师根据问题回答情况对各小组评分，及时解释、说明问题回答过程中的不足。	总结性评价	学生进行自评、互评

续表

教学设计	教师活动	学生活动
【提出问题二】 下图叫什么图？零线、上极限偏差和下极限偏差在哪里？ +0.021　0　ϕ30（公称尺寸）　−0.007　−0.020　ϕ30（公称尺寸）	提出问题	思考问题
【解答问题】 学生自主学习相关内容，小组讨论后，分组回答问题。	提示、引导，发现问题并统一纠正	查阅资料，分组讨论
【评价补充】 教师根据问题回答情况对各小组评分，及时解释、说明问题回答过程中的不足。	总结性评价	学生进行自评、互评
【提出问题三】 1．什么是标准公差？标准公差有多少个等级？ 2．等级高低和数字大小是什么关系？等级高低和公差数值是什么关系？ 3．什么是基本偏差？一般哪一个偏差作为基本偏差？ 4．基本偏差有多少个？有什么特点？	提出问题	思考问题
【解答问题】 学生自主学习相关内容，小组讨论后，分组回答问题。	提示、引导，发现问题并统一纠正	查阅资料，分组讨论
【评价补充】 教师根据问题回答情况对各小组评分，及时解释、说明问题回答过程中的不足。	总结性评价	学生进行自评、互评
【提出问题四】 1．解释如教材图 5-19 所示 ϕ30d9、ϕ30D9 代号的含义。 2．尺寸公差有几种标注形式？如何在图样中标注尺寸公差？	提出问题	思考问题

续表

教学设计	教师活动	学生活动
【解答问题】 学生自主学习相关内容，小组讨论后，分组回答问题。	提示、引导，发现问题并统一纠正	查阅资料，分组讨论
【评价补充】 教师根据问题回答情况对各小组评分，及时解释、说明问题回答过程中的不足。	总结性评价	学生进行自评、互评
【提出问题五】 1. 什么是配合？其种类有哪些？各有什么特点？ 2. 如教材图 5–21、图 5–22、图 5–23 所示分别属于哪种配合？	提出问题	思考问题
【解答问题】 学生自主学习相关内容，小组讨论后，分组回答问题。	提示、引导，发现问题并统一纠正	查阅资料，分组讨论
【评价补充】 教师根据问题回答情况对各小组评分，及时解释、说明问题回答过程中的不足。	总结性评价	学生进行自评、互评
【提出问题六】 1. 有几种配合制？ 2. 如教材图 5–24 所示分别属于哪种配合制？	提出问题	思考问题
【解答问题】 学生自主学习相关内容，小组讨论后，分组回答问题。	提示、引导，发现问题并统一纠正	查阅资料，分组讨论
【评价补充】 教师根据问题回答情况对各小组评分，及时解释、说明问题回答过程中的不足。	总结性评价	学生进行自评、互评
【提出问题七】 1. 解释如教材图 5–25 所示配合代号的含义。 2. 配合代号有几种标注形式？如何在图样中标注？	提出问题	思考问题
【解答问题】 学生自主学习相关内容，小组讨论后，分组回答问题。	提示、引导，发现问题并统一纠正	查阅资料，分组讨论
【评价补充】 教师根据问题回答情况对各小组评分，及时解释、说明问题回答过程中的不足。	总结性评价	学生进行自评、互评

续表

教学设计	教师活动	学生活动
【提出问题八】 1．几何公差项目有哪些？各用什么符号表示？ 2．在图样上如何标注几何公差？	提出问题	思考问题
【解答问题】 学生自主学习相关内容，小组讨论后，分组回答问题。	提示、引导，发现问题并统一纠正	查阅资料，分组讨论
【评价补充】 教师根据问题回答情况对各小组评分，及时解释、说明问题回答过程中的不足。	总结性评价	学生进行自评、互评
【提出问题九】 解释如教材图 5–27 所示几何公差代号的含义。	提出问题	思考问题
【解答问题】 学生自主学习相关内容，小组讨论后，分组回答问题。	提示、引导，发现问题并统一纠正	查阅资料，分组讨论
【评价补充】 教师根据问题回答情况对各小组评分，及时解释、说明问题回答过程中的不足。	总结性评价	学生进行自评、互评
【提出问题十】 1．什么是表面粗糙度？ 2．表面粗糙度的参数有哪些？最常用的是哪一个？ 3．表面粗糙度的图形符号有哪些？有什么含义？	提出问题	思考问题
【解答问题】 学生自主学习相关内容，小组讨论后，分组回答问题。	提示、引导，发现问题并统一纠正	查阅资料，分组讨论
【评价补充】 教师根据问题回答情况对各小组评分，及时解释、说明问题回答过程中的不足。	总结性评价	学生进行自评、互评
【提出问题十一】 解释教材图 5–30、图 5–31、图 5–32、图 5–33、图 5–34 中表面结构要求代号的含义。	提出问题	思考问题
【解答问题】 学生自主学习相关内容，小组讨论后，分组回答问题。	提示、引导，发现问题并统一纠正	查阅资料，分组讨论

续表

教学设计	教师活动	学生活动
【评价补充】 教师根据问题回答情况对各小组评分，及时解释、说明问题回答过程中的不足。	总结性评价	学生进行自评、互评

教师姓名		授课班级		授课日期	
授课章节	第五章　零件图　§ 5–5　识读零件图				
教具	绘图工具、模型、课件等	教学方法	任务驱动法、问题导向法、演示法、讲授法、分组讨论法等		

教学设计	教师活动	学生活动
§ 5–5　识读零件图 **任务一　识读轴套类零件图** 【任务内容】 识读如教材图 5–35 所示的柱塞套零件图。	布置学习任务，展示零件图	明确学习任务，分析零件图
【任务分析】 零件图的主要内容包括标题栏、图形、尺寸、技术要求等，可以以此作为读图思路。	引导学生分析、总结轴套类零件的特点	查阅资料，分组讨论轴套类零件的特点
【任务实施】 1. 标题栏 该零件的名称是什么？是用什么材料制造的？作图比例是多少？ 2. 视图表达分析 （1）该零件的结构表达共用了几个图？分别是什么视图？采用了什么表达方法？采用这些图形和方法的目的是什么？ （2）该零件整体是什么形状？该零件距右端（10 ± 0.027）mm 处正下方、距右端（12 ± 0.022）mm 处正	引导学生按步骤识读零件图	查阅资料，分组讨论，按步骤识读零件图

续表

<table>
<tr><th>教学设计</th><th>教师活动</th><th>学生活动</th></tr>
<tr><td>上方各有一个什么结构？A—A 图中尺寸 5 mm 所表达的是什么形状的什么结构？
（3）图中 C1 mm、C2 mm 表达的是什么结构？
3．尺寸分析
（1）该零件的径向尺寸基准是什么？轴向尺寸基准是什么？
（2）宽 5 mm 的圆弧槽深以外圆柱表面为基准标出是为了什么？
（3）视图中的定位尺寸有哪些？
4．技术要求分析
（1）哪些尺寸有公差要求？
（2）几何公差要求有哪几处？分别解释其代号的含义。
（3）该柱塞套所有表面均为切削加工表面吗？各表面的表面粗糙度要求是多少？要求最高的是哪个表面，要求最低的是哪个表面？
5．通过以上分析可看出该零件结构尺寸不大，尺寸精度、形状精度以及表面精度等方面的要求是高还是低？在柱塞喷油泵中该零件是否是较重要的零件？</td><td></td><td></td></tr>
<tr><td>【任务评价】
小组自评或互评任务完成情况，将最优者做展评</td><td>总结性评价</td><td>学生进行自评、互评</td></tr>
<tr><td>任务二　识读轮盘类零件图
【任务内容】
识读如教材图 5-36 所示的盖零件图。</td><td>展示轮盘类零件实物或模型</td><td>列举常见的轮盘类零件</td></tr>
<tr><td>【任务分析】
零件图的主要内容包括标题栏、图形、尺寸、技术要求等，可以以此作为读图思路。</td><td>布置学习任务，展示零件图</td><td>明确学习任务，分析零件图</td></tr>
<tr><td>【任务实施】
1．标题栏
该零件的名称是什么？是用什么材料制造的？作图比例是多少？</td><td>引导学生分析、总结轮盘类零件的特点</td><td>查阅资料，分组讨论轮盘类零件的特点</td></tr>
</table>

续表

教学设计	教师活动	学生活动
2．视图表达分析 （1）该零件的结构表达共用了几个图？分别是什么视图？采用了什么表达方法？这些视图表达了零件上的哪些结构？ （2）该零件整体是什么形状？零件右端标有 $\phi 108^{+0.46}_{0}$ mm、$5.2^{+0.1}_{0}$ mm 尺寸的是什么结构？与什么相配合？零件上有几个均匀分布的连接孔？盖的后上方在尺寸 59 mm 处削平一处，目的是什么？ 3．尺寸分析 该零件的径向尺寸基准是什么？轴向尺寸基准是什么？ 4．技术要求分析 （1）哪些尺寸有公差要求？ （2）几何公差要求有哪几处？分别解释其代号的含义。 （3）该零件哪些表面为加工表面，哪些表面为不加工表面？加工表面的表面粗糙度 *Ra* 值最小为多少？最大为多少？ 5．通过以上分析可看出该零件哪些表面的表面要求较高？原因是什么？	引导学生按步骤识读零件图	查阅资料，分组讨论，按步骤识读零件图
【任务评价】 小组自评或者互评任务完成情况，选择最优者做展评。	总结性评价	学生进行自评、互评
任务三　识读叉架类零件图 **【任务内容】** 识读如教材图 5-37 所示拨叉零件图。	展示叉架类零件实物或模型	列举常见的叉架类零件
【任务分析】 零件图的主要内容包括标题栏、图形、尺寸、技术要求等，可以以此作为读图思路。	布置学习任务，展示零件图	明确学习任务，分析零件图
【任务实施】 1．标题栏 该零件的名称是什么？是用什么材料制造的？作图比例是多少？	引导学生分析、总结叉架类零件的特点	查阅资料，分组讨论叉架类零件的特点

续表

教学设计	教师活动	学生活动
2. 视图表达分析 （1）该零件的结构表达共用了几个图？分别是什么视图？采用了什么表达方法？这些视图表达了零件上的哪些结构？ （2）该零件整体由几部分组成？各部分大致上是什么形状？ 3. 尺寸分析 （1）指出该零件长、宽、高三个方向的主要尺寸基准。 （2）图中定位尺寸有哪些？ 4. 技术要求分析 （1）哪些尺寸有公差要求？ （2）几何公差要求有哪几处？分别解释其代号的含义。 （3）该零件哪些表面为加工表面，哪些表面为不加工表面？加工表面的表面粗糙度 *Ra* 值最小为多少？最大为多少？ 5. 通过以上分析可看出该零件哪些表面的表面要求较高？原因是什么？	引导学生按步骤识读零件图	查阅资料，分组讨论，按步骤识读零件图
【任务评价】 小组自评或者互评任务完成情况，选择最优者做展评。	总结性评价	学生进行自评、互评
任务四　识读箱体类零件图 【任务内容】 识读如教材图 5-38 所示的泵体零件图。 【任务分析】 零件图的主要内容包括标题栏、图形、尺寸、技术要求等，可以以此作为读图思路。 【任务实施】 1. 标题栏 该零件的名称是什么？是用什么材料制造的？作图比例是多少？	展示箱体类零件实物或模型 布置学习任务，引导学生分析、总结箱体类零件的特点	列举常见的箱体类零件 明确学习任务，查阅资料，分组讨论箱体类零件的特点

续表

<table>
<tr><th colspan="2">教学设计</th><th>教师活动</th><th>学生活动</th></tr>
<tr><td colspan="2">2．视图表达分析
（1）该零件的结构表达共用了几个图？分别是什么视图？采用了什么表达方法？这些视图表达了零件上的哪些结构？
（2）该零件整体由几部分组成？各部分大致上是什么形状？
3．尺寸分析
（1）指出该零件长、宽、高三个方向的主要尺寸基准。
（2）图中定位尺寸有哪些？
4．技术要求分析
（1）哪些尺寸有公差要求？
（2）几何公差要求有哪几处？分别解释其代号的含义。
（3）该零件哪些表面为加工表面，哪些表面为不加工表面？加工表面的表面粗糙度 Ra 值最小为多少？最大为多少？
5．通过以上分析可看出该零件哪些表面的表面要求较高？原因是什么？
【任务评价】
小组自评或者互评任务完成情况，选择最优者做展评。</td><td>引导学生按步骤识读零件图

总结性评价</td><td>查阅资料，分组讨论，按步骤识读零件图

学生进行自评、互评</td></tr>
<tr><td>课后作业</td><td colspan="3">本章对应习题册</td></tr>
<tr><td>教学反思</td><td colspan="3"></td></tr>
</table>

第六章 装配图

学时分配表

教学单元	教学内容	建议学时
装配图	§ 6–1　装配图概述	0.5
	§ 6–2　装配图画法	0.5
	§ 6–3　装配图的尺寸标注和技术要求	0.5
	§ 6–4　装配图中零部件的序号和明细栏	0.5
	§ 6–5　识读装配图	3
	总计	5

教学目标

1. 了解装配图的作用和内容。
2. 熟悉装配图的画法规定。
3. 能读懂装配图的尺寸标注和技术要求。
4. 能识读装配图中的零部件序号和明细栏。
5. 能综合运用已学知识，按正确的方法和步骤，读懂中等复杂程度的装配图。
6. 能读懂零部件间的相对位置、配合性质、连接形式等。
7. 能理解零部件的工作原理。

教学重点

1. 装配图的内容和画法。
2. 识读装配图的方法。

3. 装配图中的尺寸分类。

4. 装配图中零部件序号的编排方法。

5. 读懂零部件间的相对位置、配合性质、连接形式等。

6. 读懂标准件的名称、规格、数量。

教学难点

1. 读懂装配图的原理，理解总体设计意图。

2. 装配图中的技术要求在图样中的表达方式。

3. 装配图中的零部件序号的通用表示方法。

4. 识读装配图，想象出各主要零件的结构形状。

教学建议

1. 学生掌握读装配图的方法很重要，教师可适时归纳、总结各种读图方法，结合读图实例讲授。

2. 为有效地培养学生的读图能力，应从学生的知识基础、兴趣爱好出发，服务于专业课教学。除教材中图例外，还可以结合专业特点和专业需求，选用汽车专业实习中常见部件的装配图作为典型案例进行教学。

教学设计方案

<table>
<tr><td>教师姓名</td><td></td><td>授课班级</td><td></td><td>授课日期</td><td></td></tr>
<tr><td>授课章节</td><td colspan="5">第六章　装配图　§6-1　装配图概述</td></tr>
<tr><td>教具</td><td colspan="2">绘图工具、模型、课件等</td><td>教学方法</td><td colspan="2">任务驱动法、问题导向法、演示法、讲授法、分组讨论法等</td></tr>
<tr><td colspan="4">教学设计</td><td>教师活动</td><td>学生活动</td></tr>
<tr><td colspan="4">§6-1　装配图概述

【提出问题一】
1. 什么是装配图?
2. 装配图的应用有哪些?</td><td>展示装配图</td><td>查阅资料</td></tr>
</table>

续表

<table>
<tr><th>教学设计</th><th>教师活动</th><th>学生活动</th></tr>
<tr><td>【解答问题】
学生自主学习相关内容，小组讨论后，分组回答问题。
【评价补充】
教师根据问题回答情况对各小组评分，及时解释、说明问题回答过程中的不足。
【提出问题二】
一张完整的装配图应包括几项内容？
【解答问题】
学生自主学习相关内容，小组讨论后，分组回答问题。
【评价补充】
教师根据问题回答情况对各小组评分，及时解释、说明问题回答过程中的不足。</td><td>教师评价、总结，补充解答
展示装配图
进一步解释、总结</td><td>整理笔记
查阅资料</td></tr>
</table>

<table>
<tr><td>教师姓名</td><td></td><td>授课班级</td><td></td><td>授课日期</td><td></td></tr>
<tr><td>授课章节</td><td colspan="5">第六章　装配图　§6–2　装配图画法</td></tr>
<tr><td>教具</td><td colspan="2">绘图工具、模型、课件等</td><td>教学方法</td><td colspan="2">任务驱动法、问题导向法、演示法、讲授法、分组讨论法等</td></tr>
<tr><th colspan="4">教学设计</th><th>教师活动</th><th>学生活动</th></tr>
<tr><td colspan="4">§6–2　装配图画法
【提出问题一】
1．装配图中有哪些规定画法？
2．识读如教材图 6–3 所示装配图的规定画法。
【解答问题】
学生自主学习相关内容，小组讨论后，分组回答问题。</td><td>教师提示、引导
进一步解释、总结</td><td>学生带着问题自学后，回答问题</td></tr>
</table>

续表

教学设计	教师活动	学生活动
【评价补充】 教师根据问题回答情况对各小组评分，及时解释、说明问题回答过程中的不足。 【提出问题二】 1. 装配图有哪些常用特殊画法？ 2. 识读如教材图 6–4 ~ 图 6–7 所示的特殊画法。 【解答问题】 学生自主学习相关内容，小组讨论后，分组回答问题。	教师提示、引导	查阅资料
【评价补充】 教师根据问题回答情况对各小组评分，及时解释、说明问题回答过程中的不足。	进一步解释、总结	

<table>
<tr><td>教师姓名</td><td></td><td>授课班级</td><td></td><td>授课日期</td><td></td></tr>
<tr><td>授课章节</td><td colspan="5">第六章　装配图　§6–3　装配图的尺寸标注和技术要求</td></tr>
<tr><td>教具</td><td colspan="2">绘图工具、模型、课件等</td><td>教学方法</td><td colspan="2">任务驱动法、问题导向法、演示法、讲授法、分组讨论法等</td></tr>
<tr><td colspan="4">教学设计</td><td>教师活动</td><td>学生活动</td></tr>
<tr><td colspan="4"><h2>§6–3　装配图的尺寸标注和技术要求</h2>【提出问题】
1. 装配图中通常标注哪几类尺寸？和零件图相同吗？
2. 指出教材图 6–2、图 6–4 中的所有尺寸属于哪类尺寸？</td><td></td><td></td></tr>
</table>

续表

<table>
<tr><th>教学设计</th><th>教师活动</th><th>学生活动</th></tr>
<tr><td>3．装配图中有哪些技术要求？在图样中以什么方式表达？
【解答问题】
学生自主学习相关内容，小组讨论后，分组回答问题。
【评价补充】
教师根据问题回答情况对各小组评分，及时解释、说明问题回答过程中的不足。</td><td>指导学生查阅资料，教师提示、引导
评价、总结，补充解答</td><td>查阅资料</td></tr>
</table>

<table>
<tr><td>教师姓名</td><td></td><td>授课班级</td><td></td><td>授课日期</td><td></td></tr>
<tr><td>授课章节</td><td colspan="5">第六章　装配图　§6–4　装配图中零部件的序号和明细栏</td></tr>
<tr><td>教具</td><td colspan="2">绘图工具、模型、课件等</td><td>教学方法</td><td colspan="2">任务驱动法、问题导向法、演示法、讲授法、分组讨论法等</td></tr>
<tr><th colspan="4">教学设计</th><th>教师活动</th><th>学生活动</th></tr>
<tr><td colspan="4">

§6–4　装配图中零部件的序号和明细栏

【提出问题】
指出教材图 6–2、图 6–4 中的零部件序号和明细栏，识读其中的内容，并从中总结出编排顺序和规则。
【解答问题】
学生自主学习相关内容，小组讨论后，分组回答问题。
【评价补充】
教师根据问题回答情况对各小组评分，及时解释、说明问题回答过程中的不足。</td><td>指导学生查阅资料，教师提示、引导
教师评价、总结，补充解答</td><td>查阅资料</td></tr>
</table>

<table>
<tr><td>教师姓名</td><td></td><td>授课班级</td><td></td><td>授课日期</td><td></td></tr>
<tr><td>授课章节</td><td colspan="5">第六章　装配图　§6-5　识读装配图</td></tr>
<tr><td>教具</td><td colspan="2">绘图工具、模型、课件等</td><td>教学方法</td><td colspan="2">任务驱动法、问题导向法、演示法、讲授法、分组讨论法等</td></tr>
<tr><td colspan="4">教学设计</td><td>教师活动</td><td>学生活动</td></tr>
<tr><td colspan="4">

§6-5　识读装配图

任务一　识读装配图

【任务内容】
识读如教材图 0-3 所示的活塞连杆总成装配图。
【任务分析】
识读装配图的目的是明白装配体的性能、工作原理、装配关系和各零件的主要结构、作用以及拆装顺序等。可从装配图的内容着手，逐步识读。
【任务实施】
1. 标题栏和明细栏
（1）该装配体的名称是什么？
（2）组成该装配体的零件有多少种？每种零件的名称是什么？各有多少个？选用什么材料制造？
（3）该装配体用到的标准件有哪些？是什么规格的？
（4）该装配体的总体尺寸是多少？
2. 分析视图
（1）该装配图采用了几个基本视图？主视图采用什么表达方式？表达了哪几个零件的装配关系？
（2）左视图突出了哪个零件的形状？表达了该零件哪一端的连接情况？
3. 分析零件结构形状
（1）如何从视图中分析各零件的对应关系？
（2）应按照什么顺序逐一识读各零件？
</td><td>教师展示装配体实物

教师将任务按步骤分配到不同小组
巡回指导</td><td>查阅资料</td></tr>
</table>

续表

教学设计	教师活动	学生活动
4．分析装配关系 （1）简述活塞环的安装位置。 （2）活塞通过哪个零件与连杆小头相连？ （3）活塞销端面用什么定位？可起到什么作用？ （4）轴瓦装在连杆大头内，连杆盖与连杆大端用什么连接？ 5．分析尺寸 （1）活塞下部呈椭圆状，其长轴直径为多少？短轴直径为多少？连杆大头轴瓦内径是多少？哪个是活塞的主要规格尺寸？ （2）ϕ28N6/h5 是什么尺寸？是什么配合制？其各部分的含义是什么？ （3）连杆大、小端两孔的中心距是保证连杆准确地安装在活塞和曲轴之间的主要尺寸，该尺寸是多少？（56 ± 0.08）mm 是什么尺寸？$38^{+0.17}_{-0.26}$ mm 是什么尺寸？ （4）总体尺寸。装配体总长为多少？总宽为多少？总高为多少？ 6．技术要求分析 该装配体的技术要求有哪些？		小组合作完成学习任务
【任务评价】 根据各组完成任务情况进行总结和评价。	总结性评价	学生进行自评、互评
课后作业	本章对应习题册	
教学反思		

第七章 展开图

学时分配表

教学单元	教学内容	建议学时
展开图	§ 7–1　线段实长的求法	1
	§ 7–2　柱体的展开	1
	§ 7–3　锥体的展开	0.5
	§ 7–4　上圆下方构件的展开	0.5
	总计	3

教学目标

1. 能用直角三角形法和旋转法求线段实长。
2. 能绘制棱柱面和圆柱面的展开图，并能灵活运用。
3. 能绘制四棱台面和圆锥面的展开图，并能灵活运用。
4. 能绘制上圆下方构件的展开图，并能灵活运用。

教学重点

1. 常用的求实长作图法。
2. 棱柱面和圆柱面的展开图画法。
3. 四棱台面和圆锥面的展开图画法。
4. 上圆下方构件的展开图画法。

教学难点

1. 直角三角形法和旋转法求线段实长的作图步骤。

2. 柱体被截切后的形体的展开图画法。

3. 斜截圆锥管的展开图画法。

4. 上圆下方构件的展开图画法。

教学建议

1. 充分利用纸盒等展开形体进行教学，联系生产实际，使学生认识到展开在实际生产中的广泛应用，以提高学生学习兴趣。

2. 要加强实践性教学环节，精讲多练，以练为主，对学生的课内外练习要加强辅导。

教学设计方案

<table>
<tr><td>教师姓名</td><td></td><td>授课班级</td><td></td><td>授课日期</td><td></td></tr>
<tr><td>授课章节</td><td colspan="5">第七章　展开图　§7–1　线段实长的求法</td></tr>
<tr><td>教具</td><td colspan="2">绘图工具、模型、课件等</td><td>教学方法</td><td colspan="2">任务驱动法、问题导向法、演示法、讲授法、分组讨论法等</td></tr>
<tr><td colspan="4">教学设计</td><td>教师活动</td><td>学生活动</td></tr>
<tr><td colspan="4">§7–1　线段实长的求法

【提出问题一】
1. 什么是展开图?
2. 展开图的应用有哪些?
【解答问题】
学生自主学习相关内容，小组讨论后，分组回答问题。
【评价补充】
教师根据问题回答情况对各小组评分，及时解释、说明问题回答过程中的不足。
【提出问题二】
常用的求实长作图法主要有哪些?</td><td>展示展开图，指导学生查阅资料

教师评价、总结，补充解答

指导学生查阅资料</td><td>查阅资料

查阅相关资料</td></tr>
</table>

续表

<table>
<tr><th>教学设计</th><th>教师活动</th><th>学生活动</th></tr>
<tr><td>【解答问题】
学生自主学习相关内容，小组讨论后，分组回答问题。
【评价补充】
教师根据问题回答情况对各小组评分，及时解释、说明问题回答过程中的不足。</td><td>进一步解释并总结</td><td></td></tr>
</table>

<table>
<tr><td>教师姓名</td><td></td><td>授课班级</td><td></td><td>授课日期</td><td></td></tr>
<tr><td>授课章节</td><td colspan="5">第七章　展开图　§7–2　柱体的展开</td></tr>
<tr><td>教具</td><td colspan="2">绘图工具、模型、课件等</td><td>教学方法</td><td colspan="2">任务驱动法、问题导向法、演示法、讲授法、分组讨论法等</td></tr>
<tr><td colspan="4">教学设计</td><td>教师活动</td><td>学生活动</td></tr>
<tr><td colspan="4">§7–2　柱体的展开

任务一　制作斜口直立四棱柱的模型

【任务内容】
制作如教材图 7–6 所示斜口直立四棱柱的模型。
【任务分析】
制作模型的关键步骤是正确画出展开图。斜口直立四棱柱由四个平面组成，且各棱边均垂直于水平面，只是高度不同，按顺序画出四个面的实际大小，即将其展开。
【任务实施】
1. 根据实物或模型，量取尺寸作出视图后再绘制展开图。
（1）作视图，展开底边。
（2）求四棱柱面各棱边实长。</td><td>布置学习任务

引导学生分析形体

巡回指导
着重强调展开图的作图步骤</td><td>在教师引导下制作斜口直立四棱柱模型

分组讨论，制定制作步骤

用准备好的硬纸、剪刀、胶水等按制作步骤自己动手</td></tr>
</table>

续表

教学设计	教师活动	学生活动
（3）检查连接，完成全图。 2. 依据画好的展开图下料后黏合成型。		制作模型
【任务评价】 小组互评，选出较好的模型展示。	总结性评价	学生进行自评、互评
任务二　制作斜口直立圆柱的模型		
【任务内容】 如通风管等很多构件均为圆柱形，制作斜口直立圆柱的模型。	展示柱体形状的构件模型，布置学习任务	列举生活中柱体形状的构件
【任务分析】 圆柱面可看作是有无数多的棱线的棱柱面，其展开方法与棱柱相似。	引导学生运用素线、锥顶等专有名词分析形体	分析斜口直立圆柱模型，分组讨论，制定最佳制作步骤
【任务实施】 1. 根据实物或模型，量取尺寸作出视图后再绘制展开图。 （1）作视图，等分圆周。 （2）展开底圆。 （3）求斜口直立圆柱面实长。 （4）检查连接，完成全图。 2. 依据画好的展开图下料后粘合成型。	巡回指导，着重强调展开图的作图步骤	用准备好的硬纸、剪刀、胶水等按制作步骤自己动手制作模型
【任务评价】 小组互评，选出较好的模型展示。	总结性评价	学生进行自评、互评
【拓展任务】 制作等径直角弯管的模型。 1. 作弯管的正面投影。 2. 将各节拼成一个圆管。 3. 展开柱面、素线。	教师示范作图并讲解	学生在教师指导下绘图

<table>
<tr><td>教师姓名</td><td></td><td>授课班级</td><td></td><td>授课日期</td><td></td></tr>
<tr><td>授课章节</td><td colspan="5">第七章　展开图　§7-3　锥体的展开</td></tr>
<tr><td>教具</td><td colspan="2">绘图工具、模型、课件等</td><td colspan="2">教学方法</td><td>任务驱动法、问题导向法、演示法、讲授法、分组讨论法等</td></tr>
<tr><td colspan="4">教学设计</td><td>教师活动</td><td>学生活动</td></tr>
<tr><td colspan="4">

§7-3　锥体的展开 &
§7-4　上圆下方构件的展开

任务一　制作四棱台模型

【任务内容】

制作如教材图 7-10 所示四棱台模型。

【任务分析】

四棱台的四个棱面都是梯形，在主视图和俯视图上都不能反映实形，所以必须先求出棱线的实长，再按已知边长作三角形的方法，依次作出各三角形棱面的实形，拼得四棱锥的展开图。然后截去延长的上段棱锥的各棱面，就是四棱台的展开图。

【任务实施】

1. 根据实物或模型，量取尺寸作出视图后再绘制展开图。

（1）作视图，求棱锥的棱线实长。

（2）展开棱锥。

（3）展开棱台。

2. 依据画好的展开图下料后黏合成型。

【任务评价】

小组互评，选出较好的模型进行展示。

</td><td>展示四棱台模型，布置学习任务

教师演示并巡回指导，及时纠正错误

总结性评价</td><td>列举生活中棱台形状的构件
分析四棱台模型

分组讨论，制定作图步骤，在教师指导下绘图并制作模型

学生进行自评、互评</td></tr>
</table>

续表

教学设计	教师活动	学生活动
任务二　制作圆锥模型		
【任务内容】 制作如教材图 7–11 所示圆锥模型。	展示圆锥模型，布置学习任务	明确学习任务
【任务分析】 正圆锥的表面展开图为一扇形，其展开方法与棱锥面相似。	引导学生分析圆锥模型	在教师引导下分析圆锥模型
【任务实施】 1．根据实物或模型，量取尺寸作出视图后再绘制展开图。 （1）作视图，求圆锥素线实长。 （2）展开圆锥。 2．依据画好的展开图下料后黏合成型。	教师演示并巡回指导，及时纠正错误，着重强调展开图的作图步骤	分组讨论，制定作图步骤，在教师指导下绘图并制作模型
【任务评价】 小组互评，选出较好的模型展示。	总结性评价	学生进行自评、互评
任务三　制作斜截圆锥管的模型		
【任务内容】 制作如教材图 7–12 所示斜截圆锥管的模型。	展示斜截圆锥管模型，布置学习任务	明确学习任务
【任务分析】 斜截圆锥管是由正圆锥面被一平面斜截而得到的，其展开图只需在正圆锥面展开图基础上求出若干条被截断的素线的实长，并光滑连接各点即可得到。	引导分析	在教师引导下分析斜截圆锥管模型
【任务实施】 1．根据实物或模型，量取尺寸作出视图后再绘制展开图。 （1）画圆锥的两视图，展开圆锥。 （2）求圆锥被截素线实长。 （3）展开斜截圆锥管。 2．依据画好的展开图下料后黏合成型。	教师演示并巡回指导，及时纠正错误，着重强调展开图的作图步骤	分组讨论，制定作图步骤，在教师指导下绘图并制作模型
【任务评价】 小组互评，选出较好的模型进行展示。	总结性评价	学生进行自评、互评

续表

教学设计	教师活动	学生活动
【拓展任务】 绘制上圆下方构件的展开图，具体作图步骤见教材表 7–9。 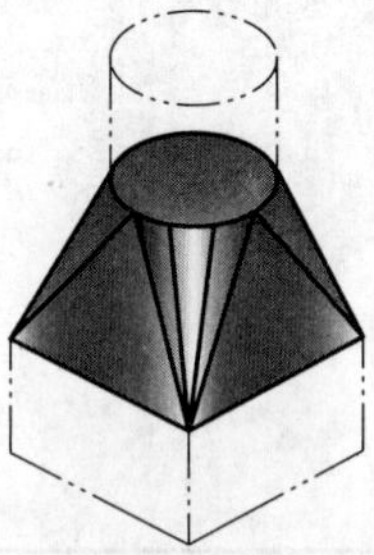	指导学生完成拓展任务	完成拓展任务

课后作业	本章对应习题册
教学反思	

第八章 焊接图

学时分配表

教学单元	教学内容	建议学时
焊接图	§8-1　焊缝的表示方法	0.5
	§8-2　焊缝的标注方法	1
	§8-3　识读焊接图	0.5
	总计	2

教学目标

1. 了解常用的焊接方法及其代号。
2. 了解常见焊接接头的种类，熟悉焊缝的常用画法。
3. 能识读焊缝符号。
4. 掌握焊缝的标注方法和标注规范。
5. 能标注焊缝符号。
6. 了解焊接图的内容，能识读焊接图。

教学重点

1. 各种焊缝符号及标注方法。
2. 识读焊接图的方法。

教学难点

焊接图中的各种焊缝符号及其标注形式。

教学建议

1. 使学生认识焊接，明白焊缝表达方法的重要性，强调汽车类专业学生必须具备正确识读焊接图的能力。

2. 使学生认识到焊接图是指导焊接生产的最直接依据，且决定焊接生产的质量与效率，激发学生学习的积极性。

教学设计方案

<table>
<tr><td>教师姓名</td><td></td><td>授课班级</td><td colspan="2"></td><td>授课日期</td><td></td></tr>
<tr><td>授课章节</td><td colspan="6">第八章　焊接图　§ 8-1　焊缝的表示方法</td></tr>
<tr><td>教具</td><td colspan="2">绘图工具、模型、课件等</td><td colspan="2">教学方法</td><td colspan="2">任务驱动法、演示法、讲授法、分组讨论法等</td></tr>
<tr><td colspan="5">教学设计</td><td>教师活动</td><td>学生活动</td></tr>
<tr><td colspan="5">§ 8-1　焊缝的表示方法

任务一　焊缝的表示方法

【任务引入】
同一种焊缝可用不同的方法来表达。
【任务内容】
根据焊缝符号画出焊缝图形，见习题册 P87。
【任务分析】
完成该任务既要学习焊缝的图示法，还要学习焊缝的表示符号等方面的知识。
【任务实施】
根据焊缝知识进行绘制。
【任务评价】
小组互评，选出较优者进行展示。</td><td>布置学习任务

利用多媒体、动画等形式补充讲解，并演示前两个小任务的绘制

总结性评价</td><td>明确学习任务，回答问题

在教师引导下分组合作，完成任务

学生进行自评、互评</td></tr>
</table>

续表

教学设计	教师活动	学生活动
【拓展任务】 焊缝的基本符号共20种，还有5种基本符号的组合符号和10种补充符号。本课仅列出其中4种，如果在焊接图中标注有其他基本符号时，可查阅国家标准《焊缝符号表示法》（GB/T 324—2008）。	补充讲解，布置拓展任务	

<table>
<tr><td>教师姓名</td><td></td><td>授课班级</td><td></td><td>授课日期</td><td></td></tr>
<tr><td>授课章节</td><td colspan="5">第八章　焊接图　§8–2　焊缝的标注方法</td></tr>
<tr><td>教具</td><td colspan="2">绘图工具、模型、课件等</td><td>教学方法</td><td colspan="2">任务驱动法、演示法、讲授法、分组讨论法等</td></tr>
<tr><td colspan="4">教学设计</td><td>教师活动</td><td>学生活动</td></tr>
<tr><td colspan="4"># §8–2　焊缝的标注方法

任务一　焊缝的标注方法

【任务内容】
完成习题册P88，根据左图在右图中标注相应的焊缝符号。
【任务分析】
完成该任务需要学习焊缝标注方法的有关知识。
【任务实施】
根据焊缝标注相关知识，实施任务。
【任务评价】
小组互评，选出较优者进行展示。

任务二　说明图中焊缝符号的含义

【任务内容】
说明图中焊缝符号的含义，见习题册P89。</td><td>布置学习任务
利用多媒体补充讲解，演示标注方法，巡回指导

总结性评价

布置学习任务</td><td>明确学习任务
小组合作，在教师引导下完成任务

学生进行自评、互评

明确学习任务</td></tr>
</table>

续表

教学设计	教师活动	学生活动
【任务分析】 完成该任务需要学习焊缝标注方法的有关知识。 【任务实施】 根据焊缝标注相关知识，实施任务。 【任务评价】 小组互评，选出较优者进行展示。	巡回指导，补充讲解 总结性评价	加强对知识点的灵活掌握，达到识读焊缝符号的目的 学生进行自评、互评

教师姓名		授课班级		授课日期	
授课章节	第八章　焊接图　§ 8-3　识读焊接图				
教具	绘图工具、模型、课件等		教学方法	任务驱动法、演示法、讲授法、分组讨论法等	

教学设计	教师活动	学生活动
# § 8-3　识读焊接图 ## 任务　识读焊接图 【任务引入】 焊缝只是焊接图的一部分，焊接图除了将组成焊接件的各零件形状、尺寸表示清楚外，还要把焊接的有关内容表达清楚。 【任务内容】 识读挂架焊接图，并填空，见习题册 P90、P91。 【任务分析】 本任务综合运用所学知识，识读焊接结构图。焊接图实际上是焊接的装配图，应包含明细栏在内的装配图的所有内容。此外，焊接图还要标注焊缝符号。如果焊接件较简单，可将焊接件的全部图形、尺寸、	布置学习任务 根据学生需求适当补充讲解	明确学习任务 小组合作，分析任务

续表

<table>
<tr><th colspan="2">教学设计</th><th>教师活动</th><th>学生活动</th></tr>
<tr><td colspan="2">焊接要求表示在一张图样上；如果焊接件结构比较复杂，则应画出各组成构件的零件图。
【任务实施】
小组讨论，完成填空。
【任务评价】
小组互评。
【拓展任务】
我国目前的焊接标准正处于新旧国标过渡期，企业生产中有些旧图样和旧国标仍在沿用。因此，教学中在贯彻新国标的基础上，也可简明扼要地指出新旧国标在标注方面的差异，使学生了解常用旧国标的含义和注法，使学生适应企业的实际需要。</td><td>

总结性评价</td><td>查阅资料，思考回答

学生进行自评、互评</td></tr>
<tr><td>课后作业</td><td colspan="3">本章对应习题册</td></tr>
<tr><td>教学反思</td><td colspan="3"></td></tr>
</table>

《机械识图（第四版）习题册》参考答案

第一章 制图基本规定

一、字体练习（略）

二、图线练习（略）

三、尺寸标注

1.（略）

2.

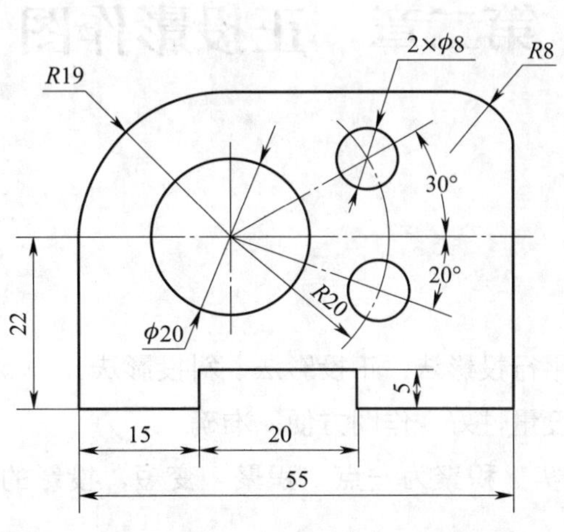

四、等分圆周

1.

（1）

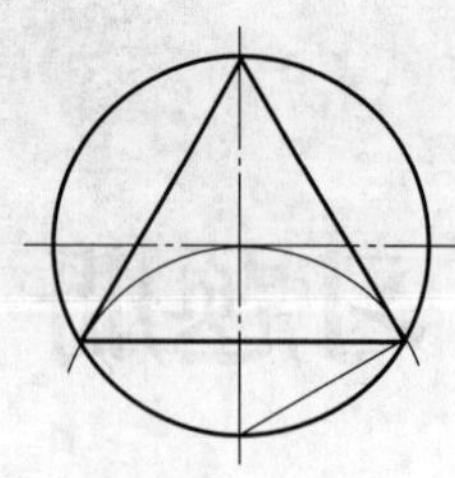

（2）

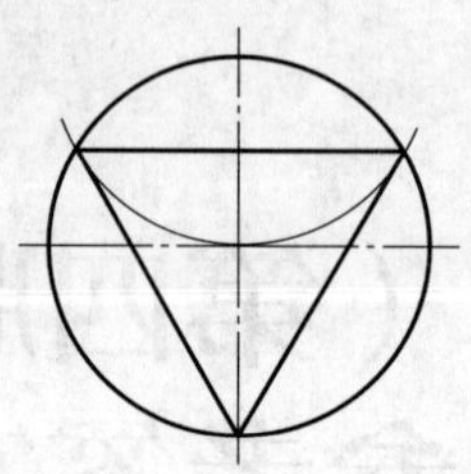

（3）

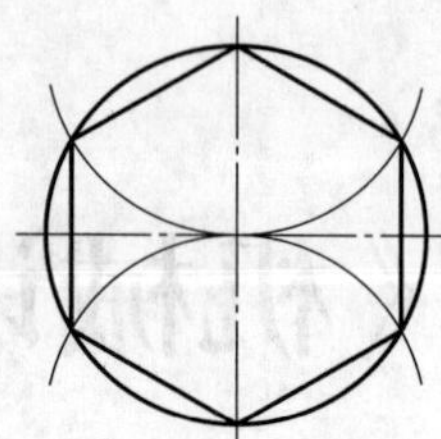

（4）

（5）

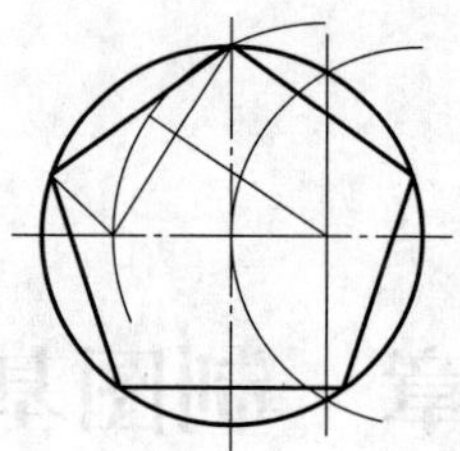

2.（略）

3.（略）

五、斜度和锥度

1.（略）

2.（略）

第二章　正投影作图

一、三视图

1.

（1）投射线　图形

（2）中心投影法　平行投影法　正投影法　斜投影法

（3）形状和大小　度量性好　作图方便、准确

（4）反映实长　真实　积聚为一点　积聚　变短，投影的形状与原来形状相类似　类似

（5）反映实形　真实　积聚为一条直线　积聚　变小，投影的形状与原来的形状相类似　类似

（6）正　主视　水平　俯视　侧　左视

（7）投影轴　长度　宽度　高度

（8）基准　俯视　左视

（9）长对正　高平齐　宽相等

（10）左右　上下　左右　前后　前后　上下

2.

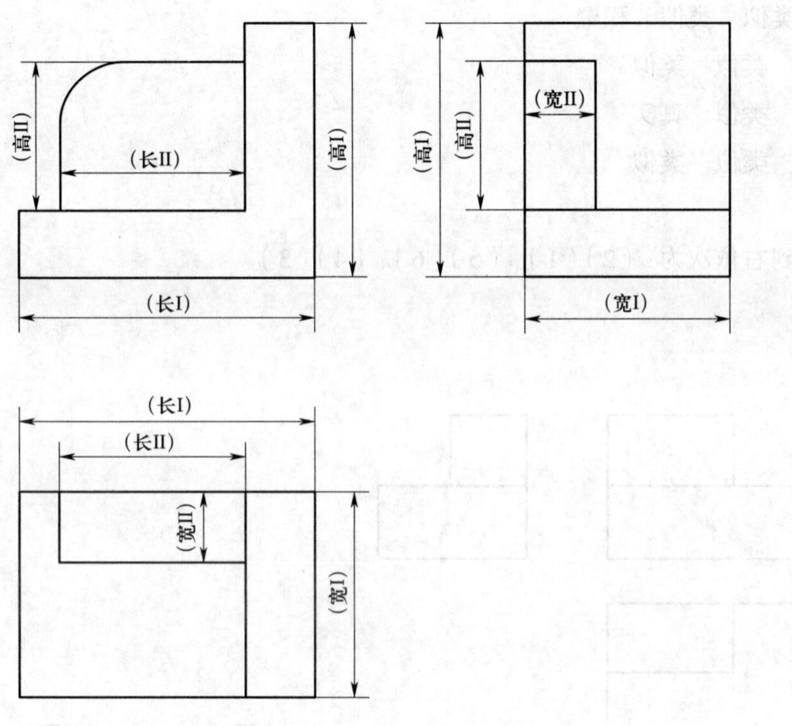

3.

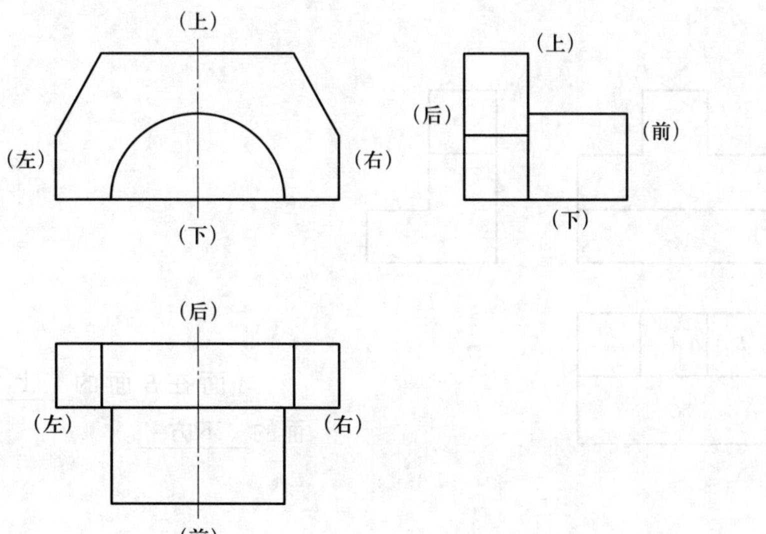

在俯视图和左视图中，离主视图远的一面一定是物体的<u>　前　</u>面。

4.

（1）真实　积聚　积聚

类似　类似　类似

类似　类似　真实

积聚　真实　真实

（2）类似　类似　积聚

积聚　类似　类似

类似　类似　真实

类似　类似　类似

5.

从左到右依次为：（2）（1）；（5）（6）；（4）（3）。

6.

（1）

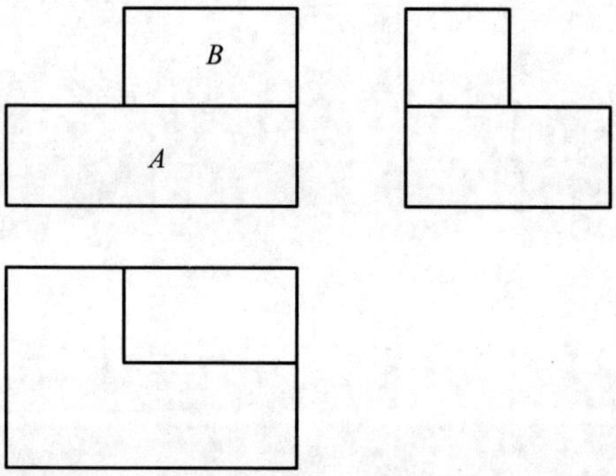

A 面在＿前＿，B 面在＿后＿。

（2）

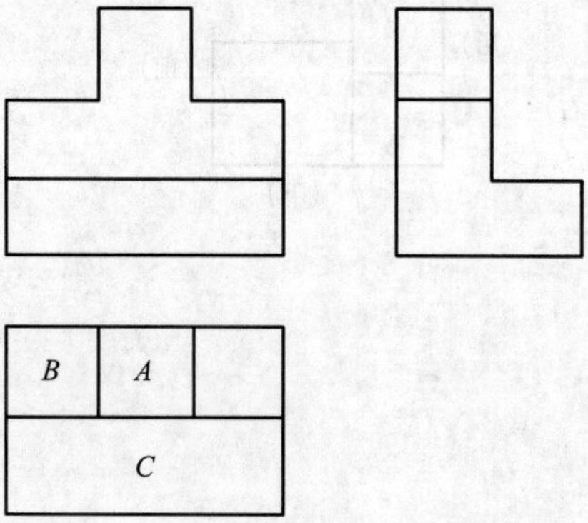

A 面在 B 面的＿上方＿，C 面在 B 面的＿下方＿。

7.

（1）

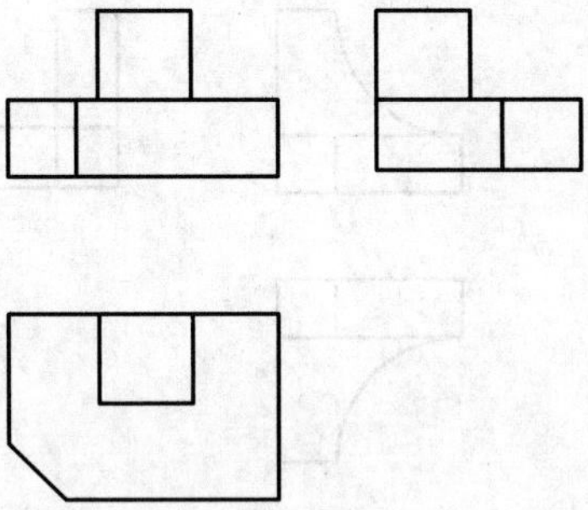

（2）

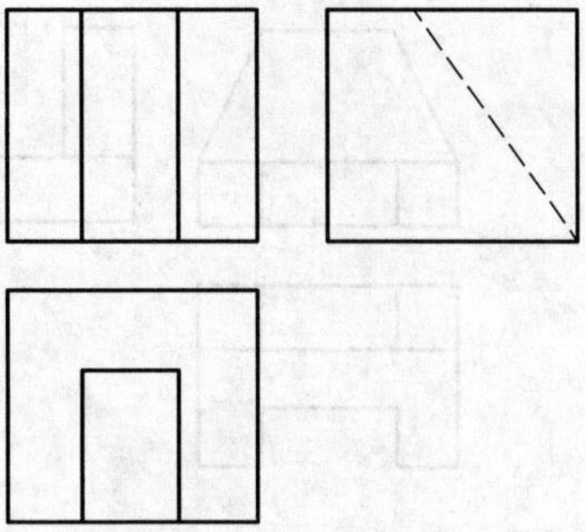

8.

（1）

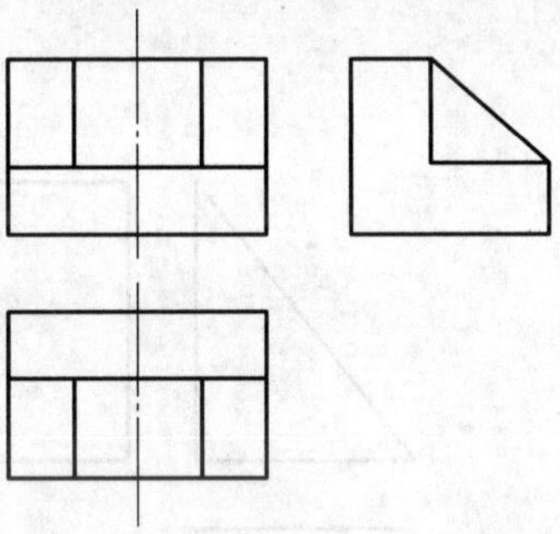

（2）

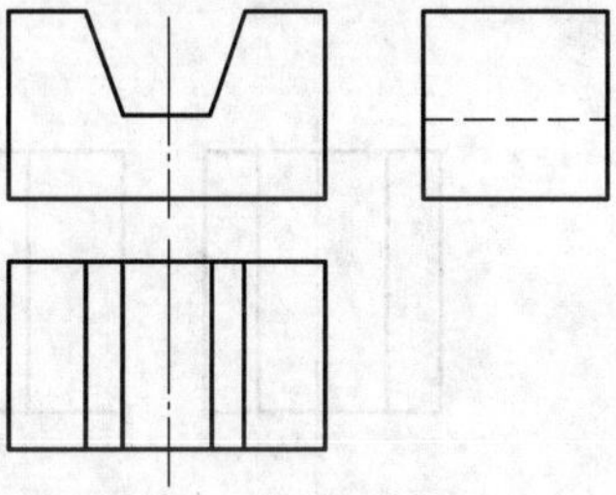

（3）

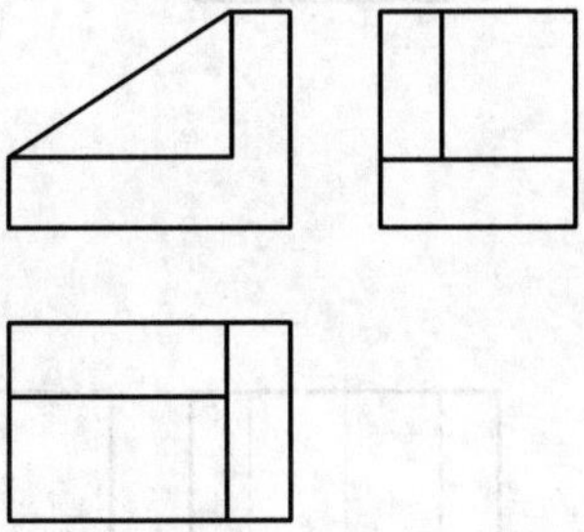

（4）

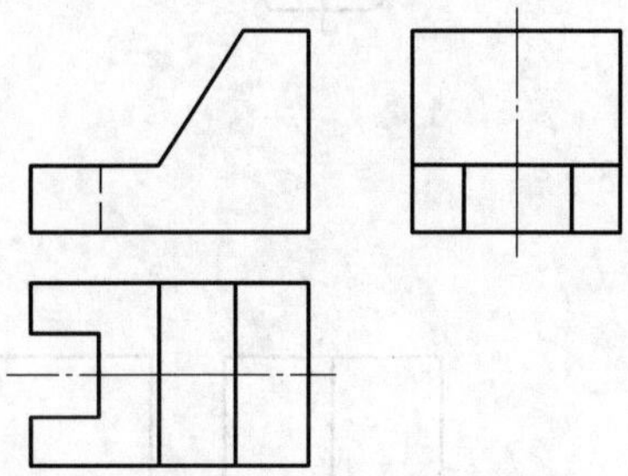

9.

（1）

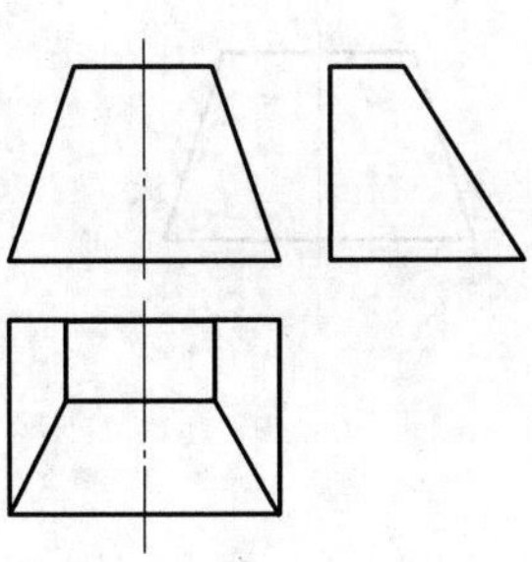

（2）

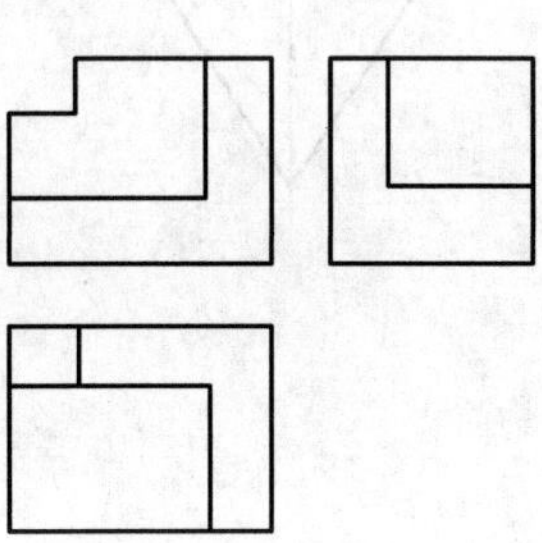

（3）

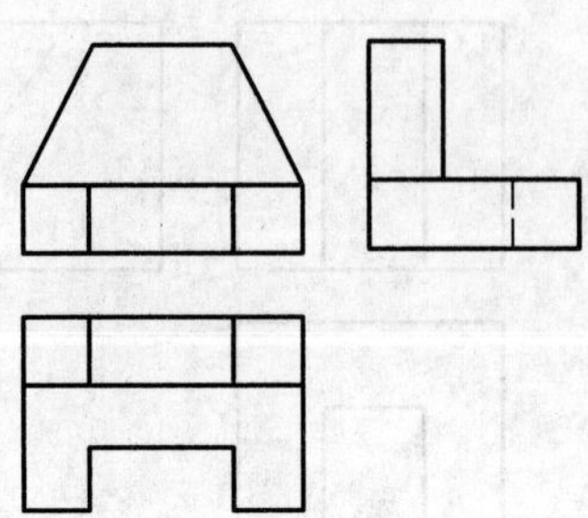

（4）

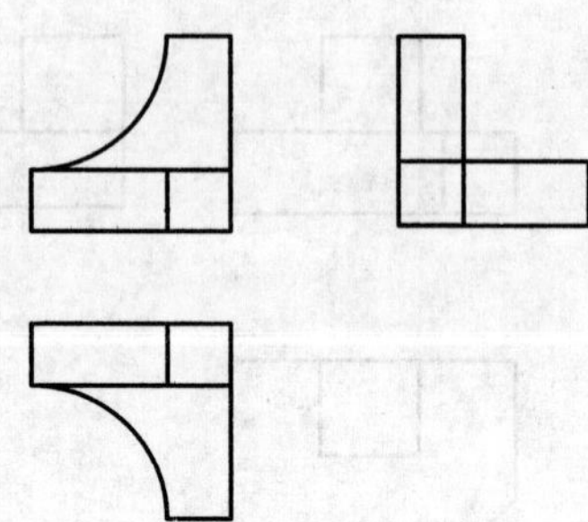

二、基本体

1. 棱柱

（1）

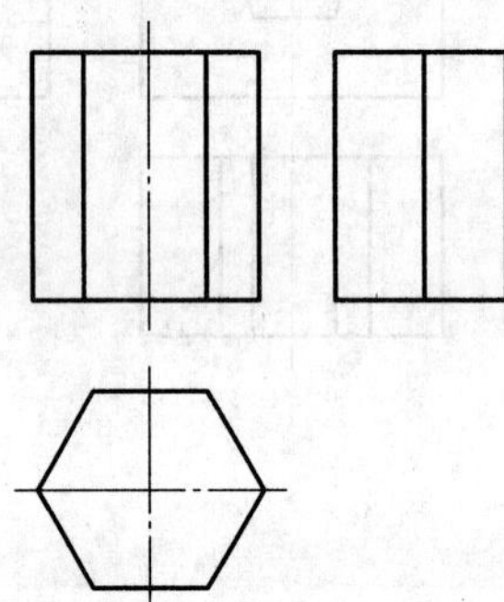

（2）

（3）

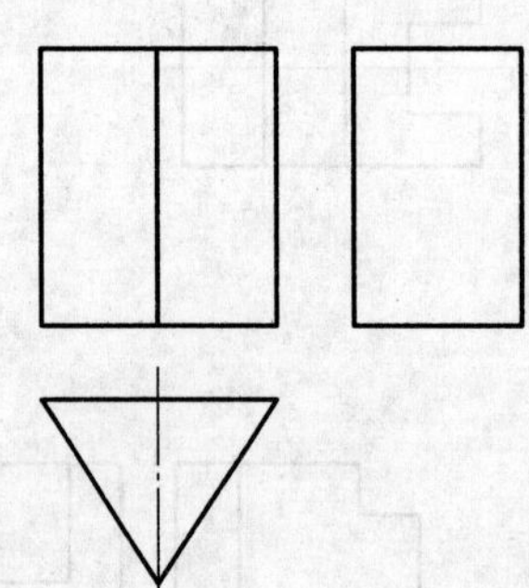

（4）

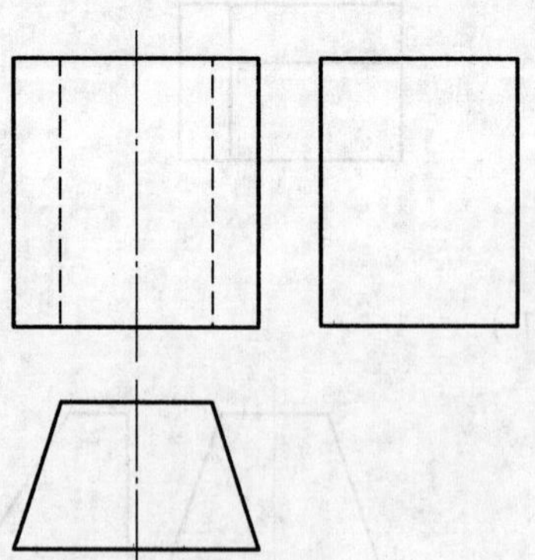

2. 棱锥

（1）

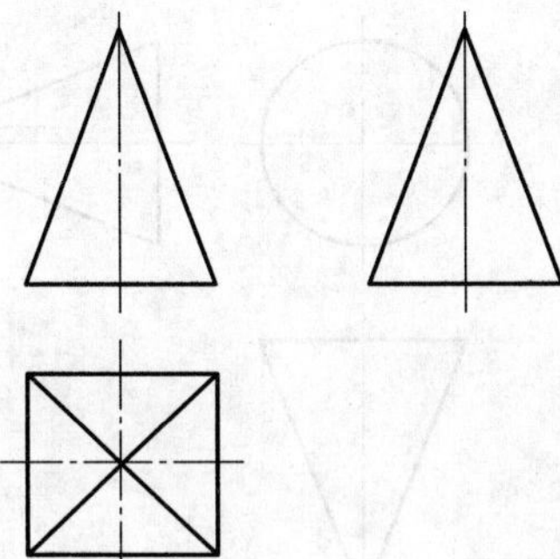

（2）

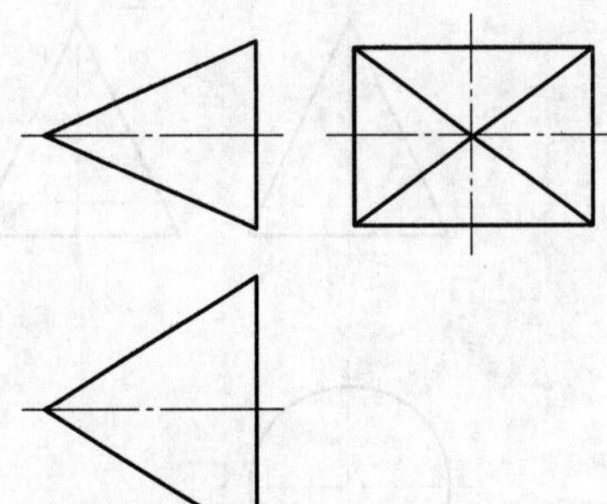

（3）

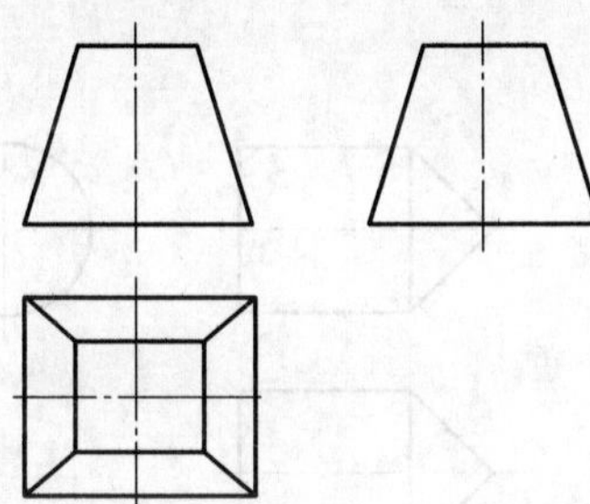

（4）

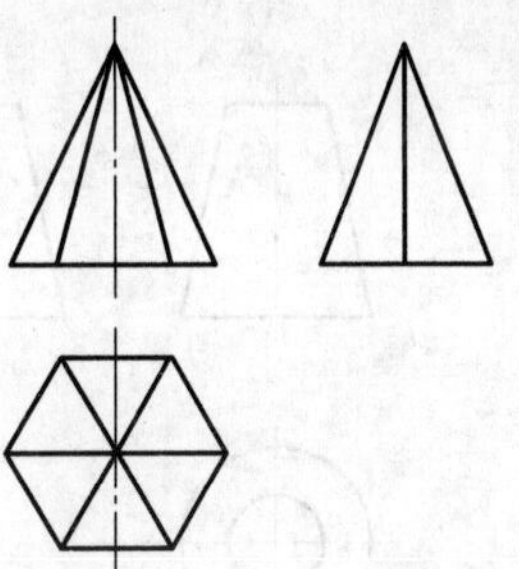

3. 圆柱

（1）

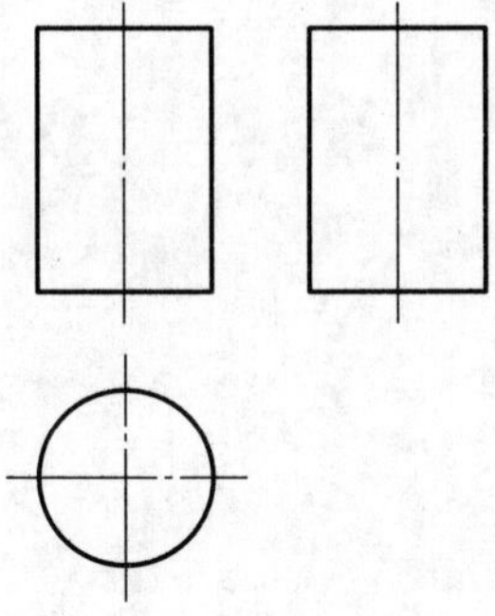

（2）

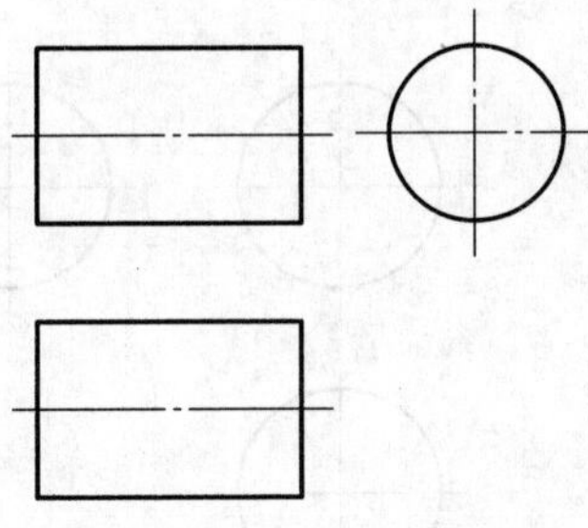

（3）

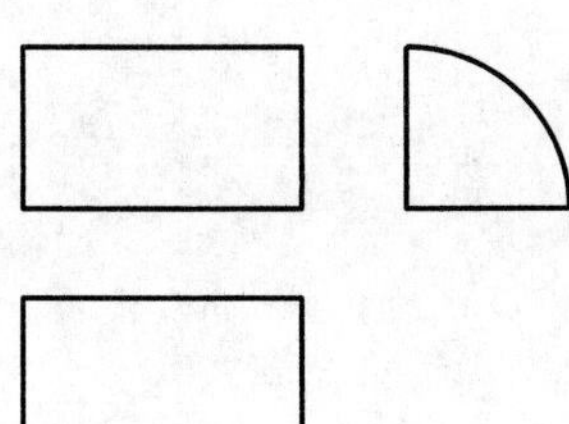

（4）

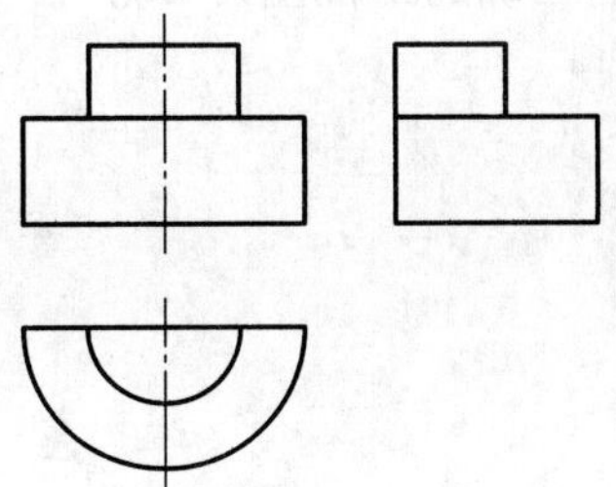

4. 圆锥

（1）

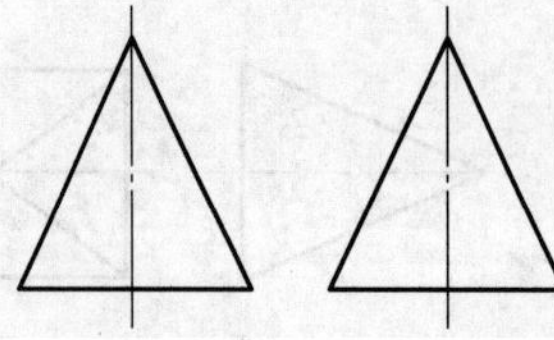

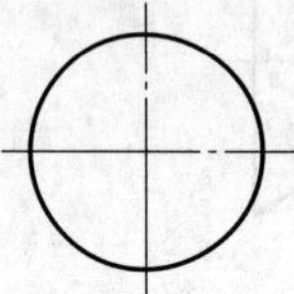

（2）

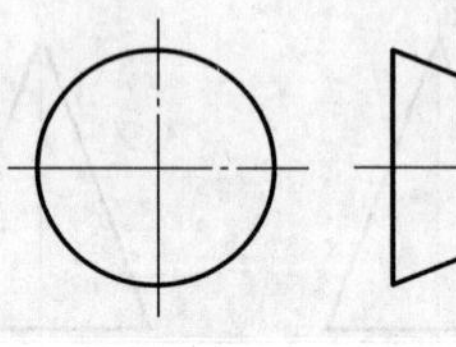

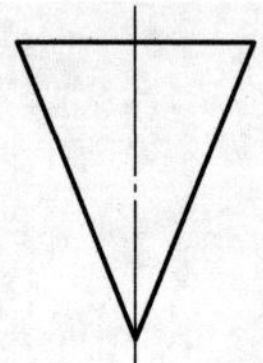

（3）

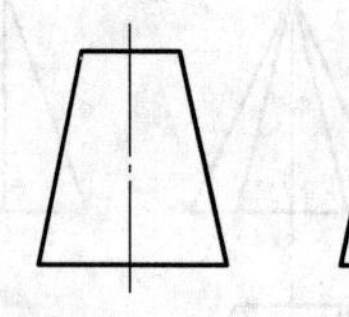

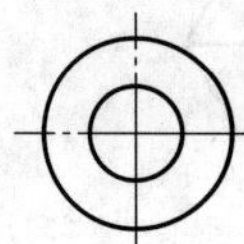

（4）

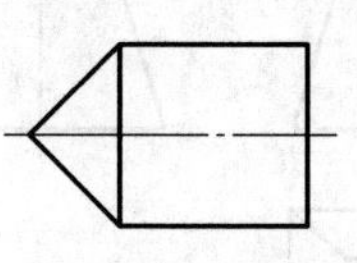

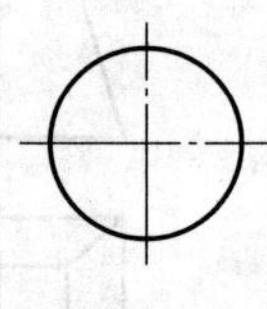

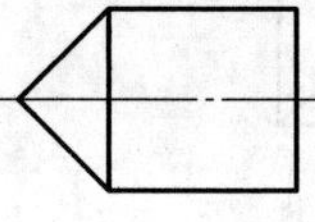

5. 圆球

（1）

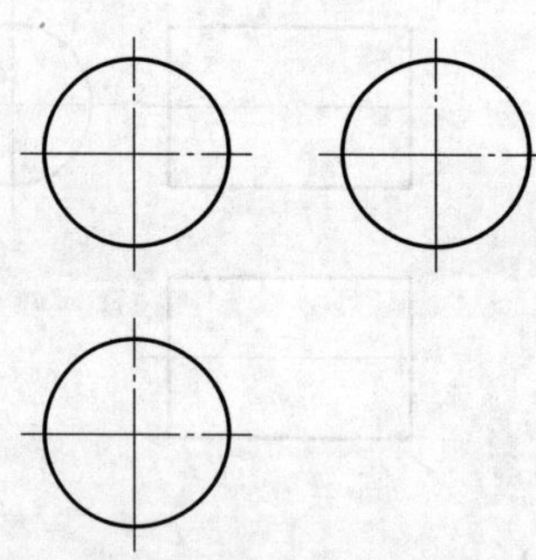

（2）正确的左视图为 2）。

（3）　　（4）

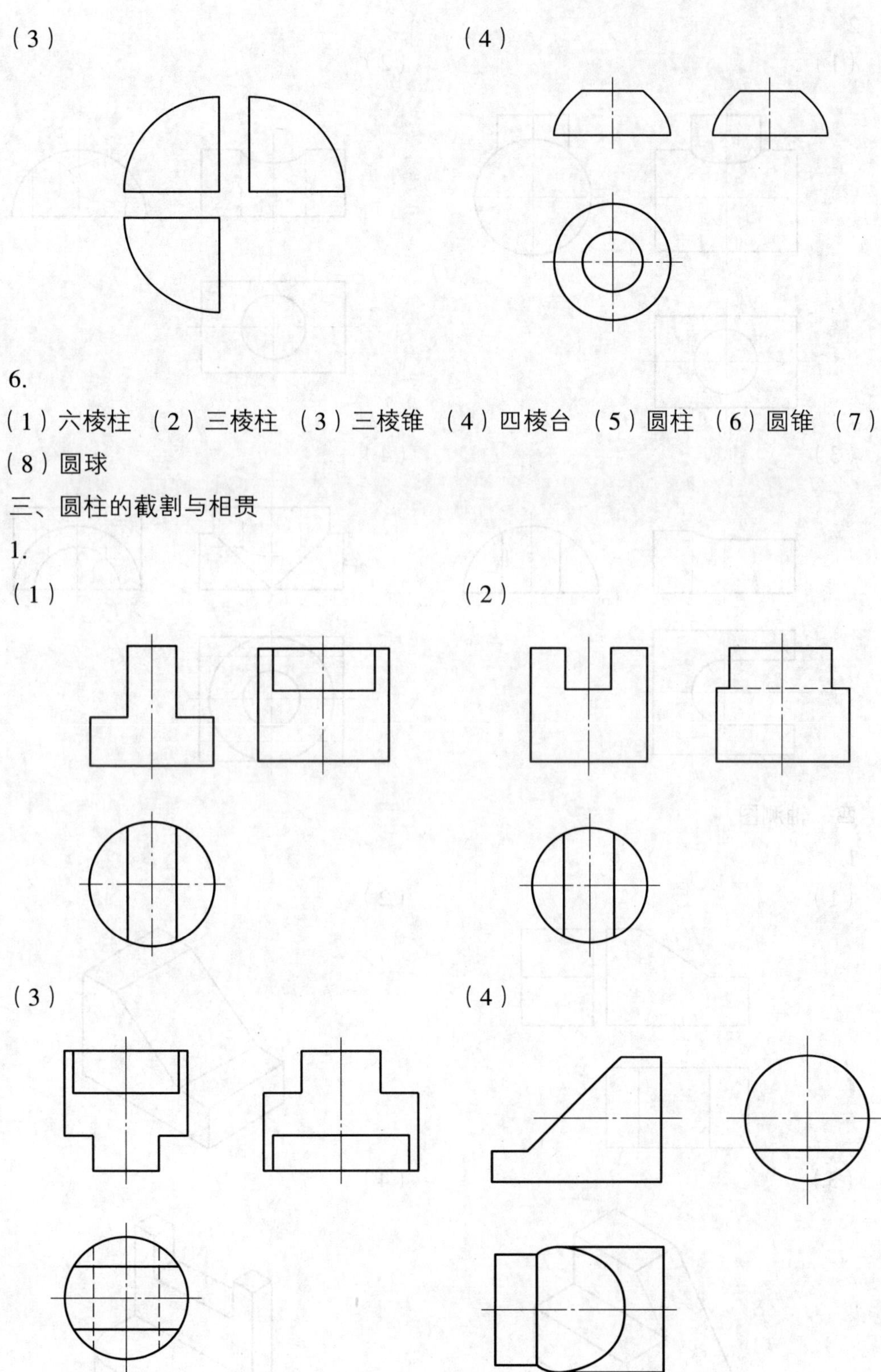

6.

（1）六棱柱 （2）三棱柱 （3）三棱锥 （4）四棱台 （5）圆柱 （6）圆锥 （7）圆台 （8）圆球

三、圆柱的截割与相贯

1.

（1）　　（2）

（3）　　（4）

2.

（1）

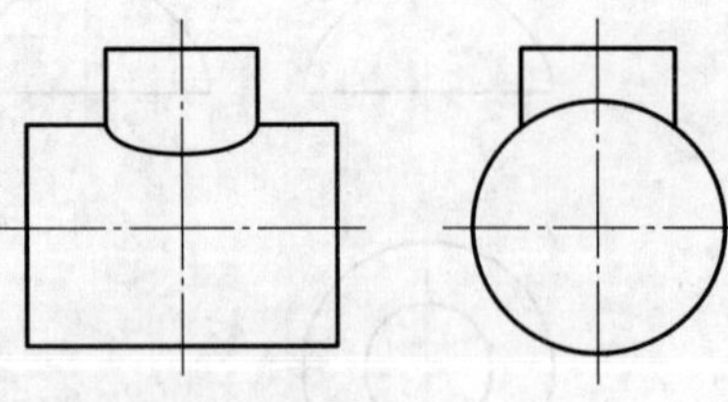

（2）

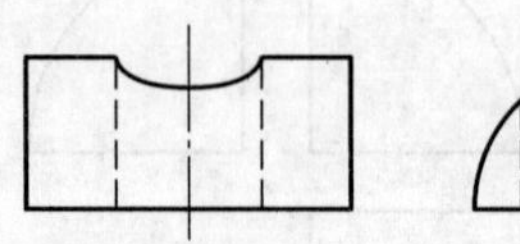

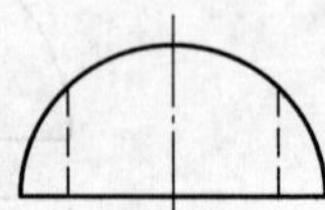

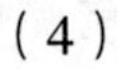

（3）

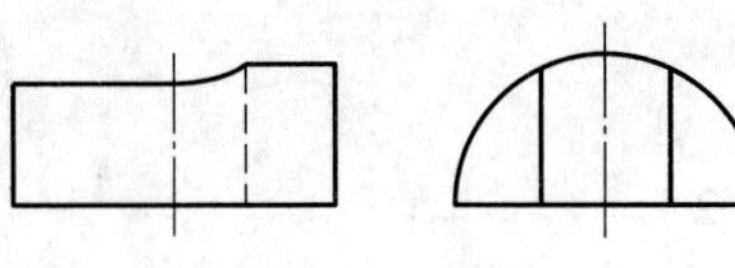

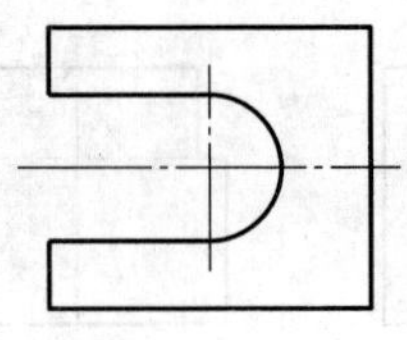

（4）

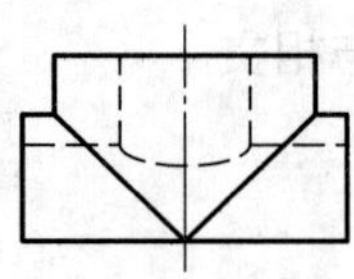

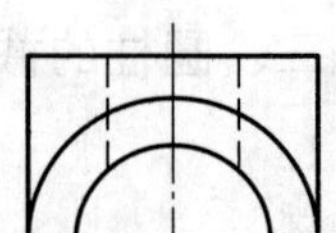

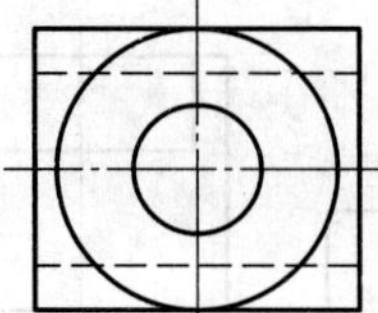

四、轴测图

1.

（1）

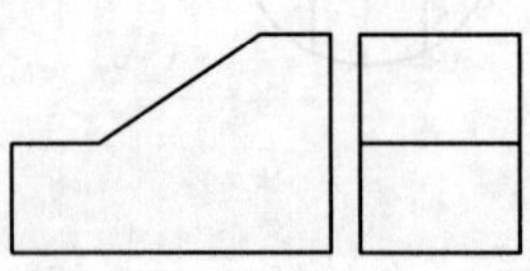

（2）

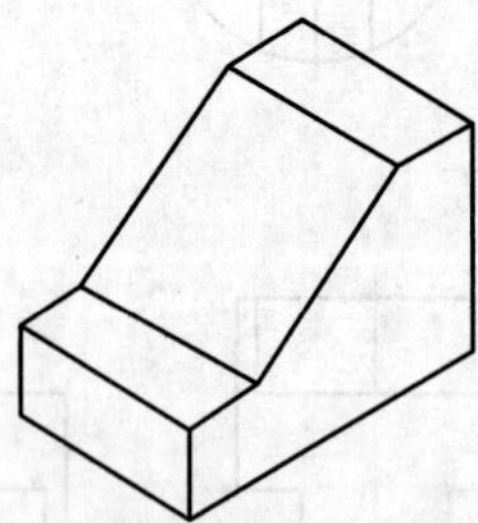

（3）

（4）

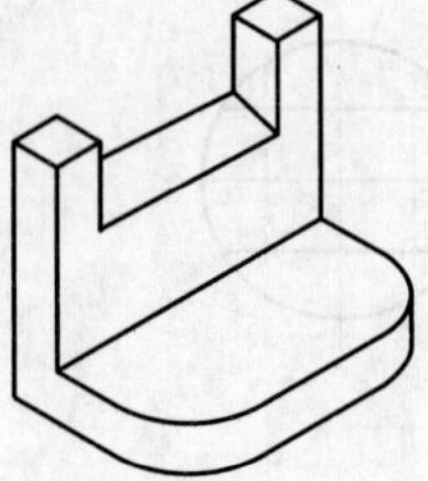

2.

（1）

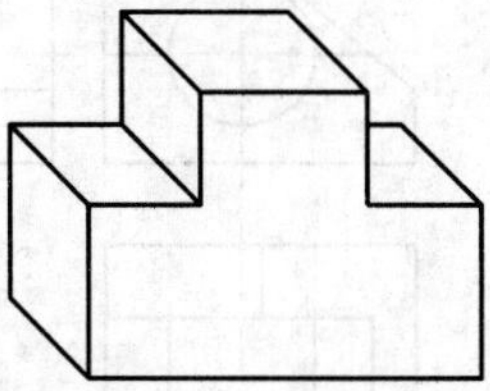

（2）

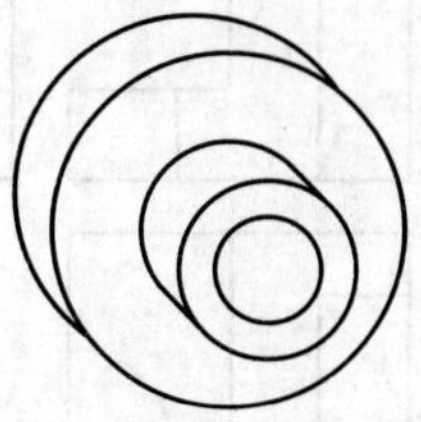

五、组合体

1.

（1）

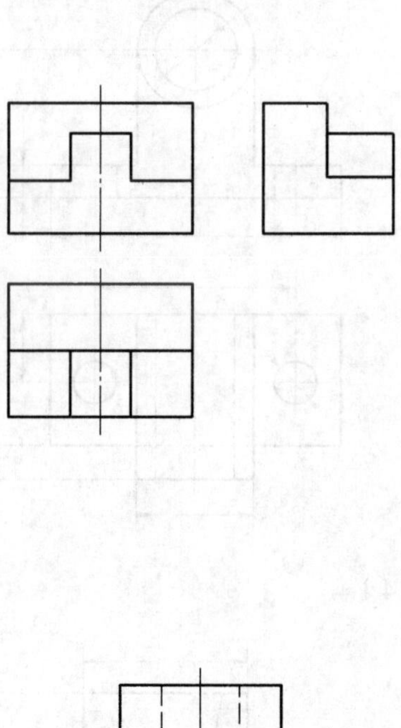

（2）

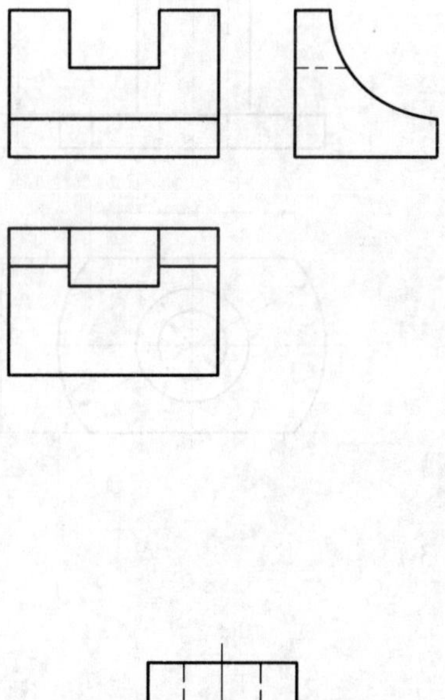

（3）

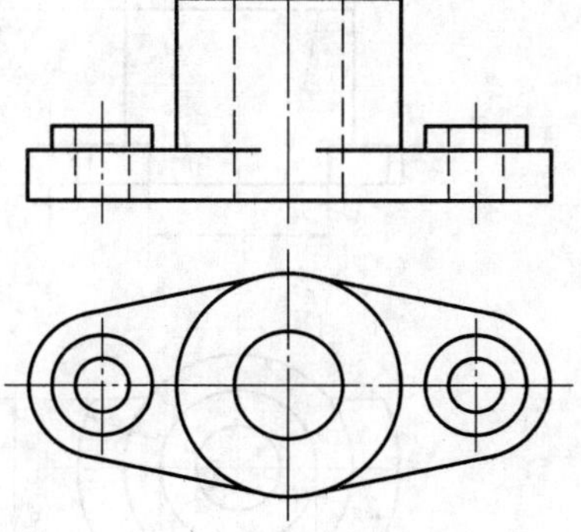

（4）

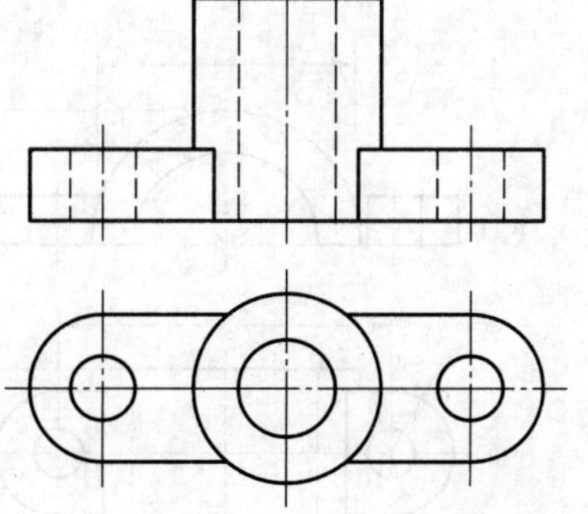

2.

（1）

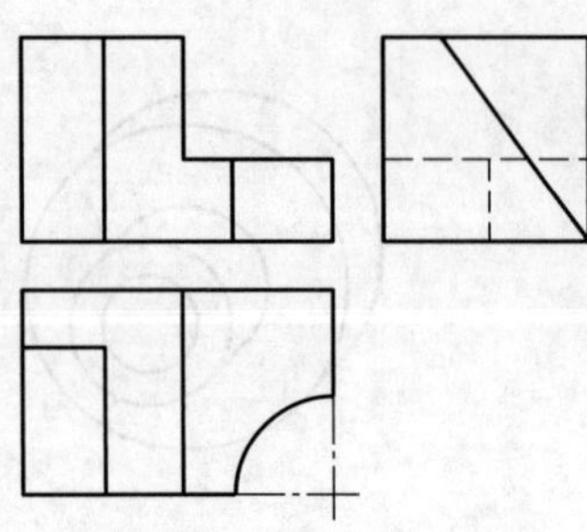

（2）

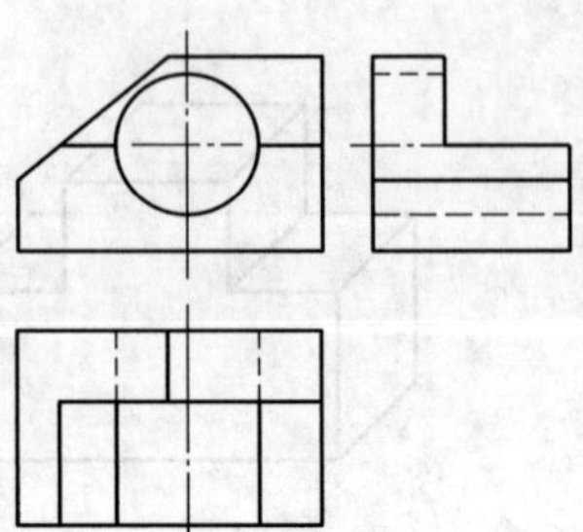

3.

（1）

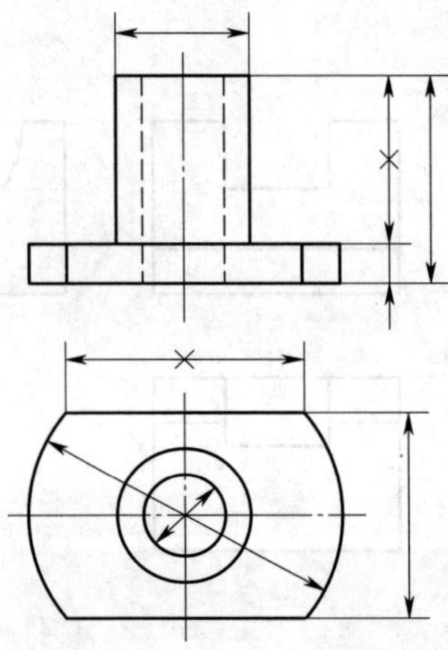

（2）

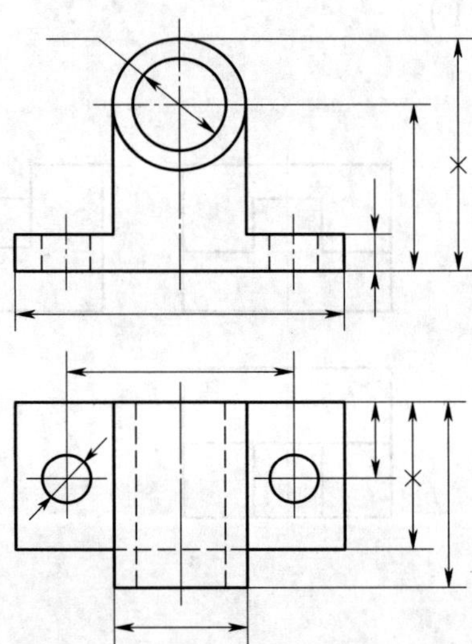

（3）

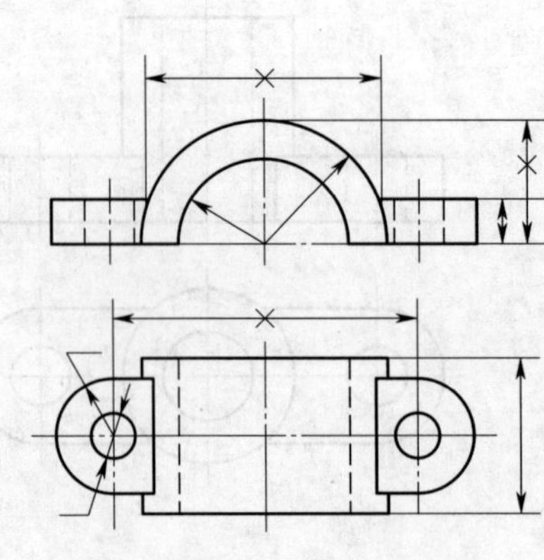

（4）

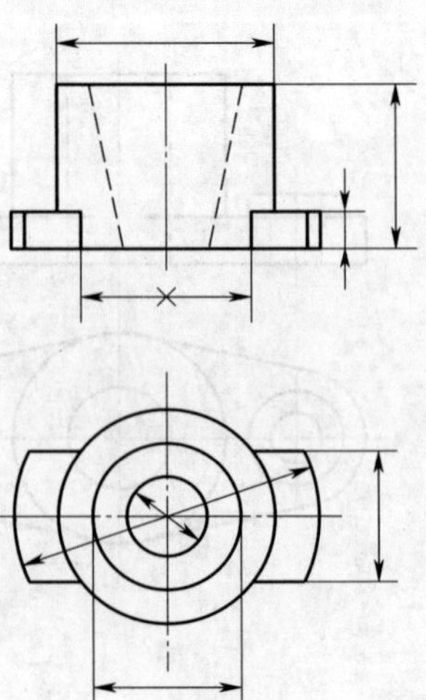

4.

（1） （2）

5.

（1）1）

（2）4）

（3）4）

（4）3）

（5）2）

（6）3）

6.

（1） （2）

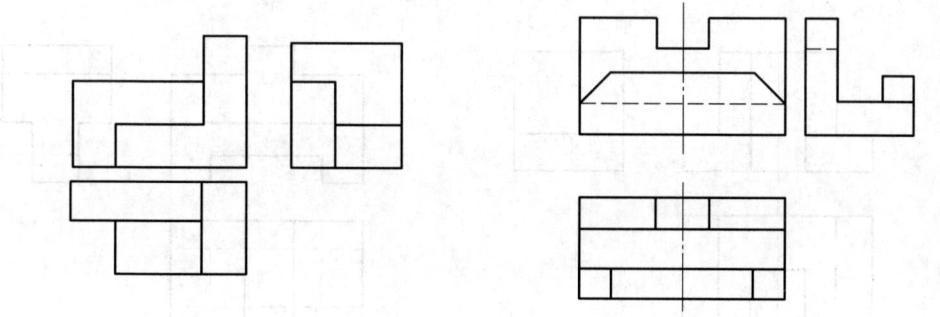

（3）

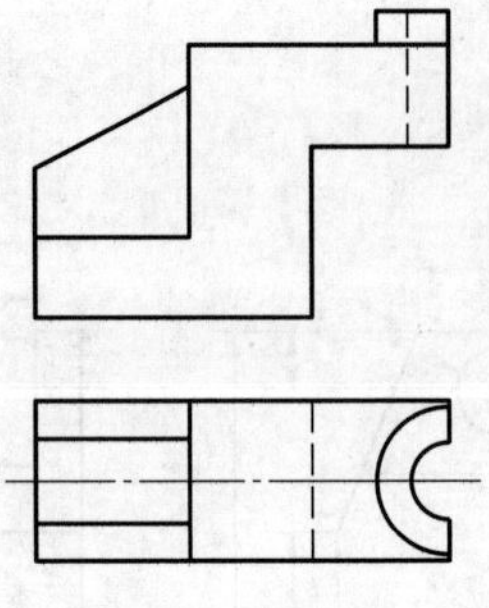

（4）

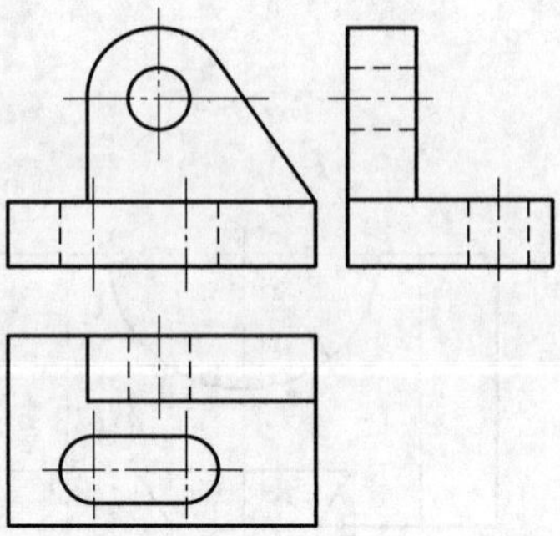

（5）

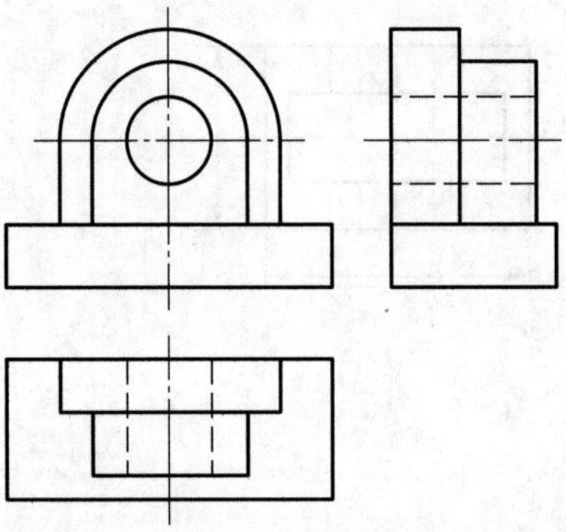

（6）

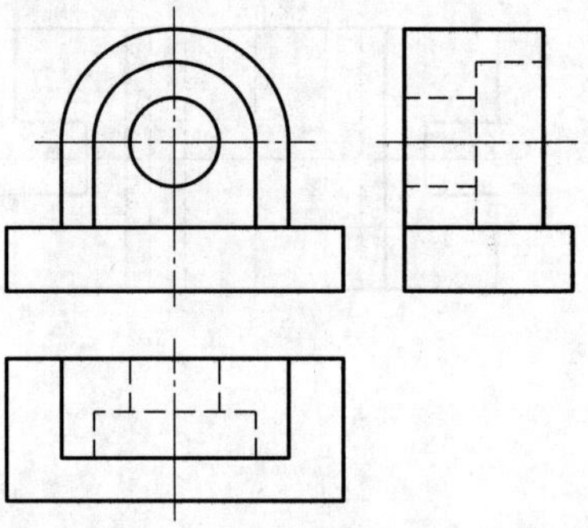

（7）

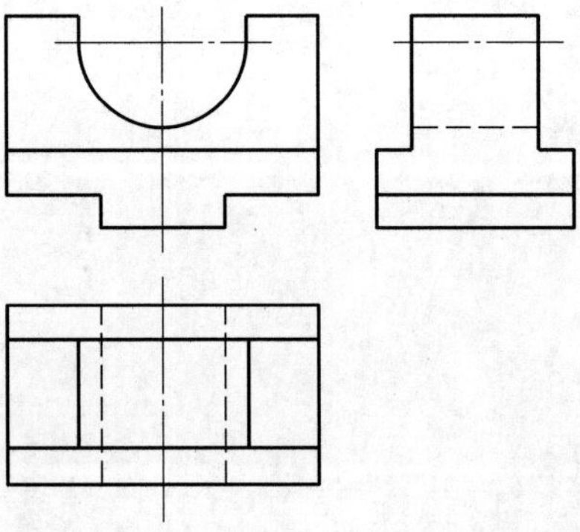

（8）

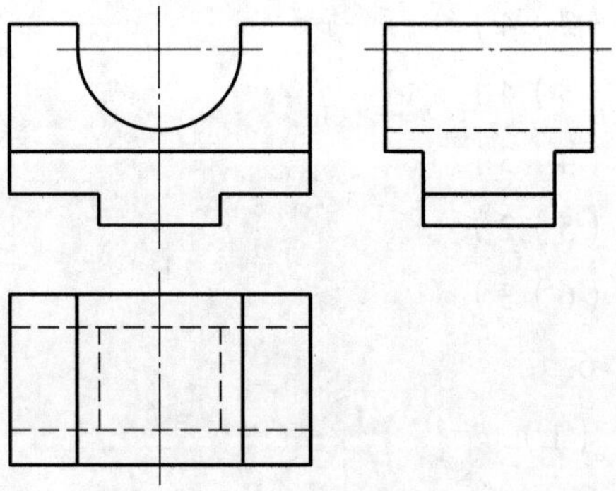

7.

（1）

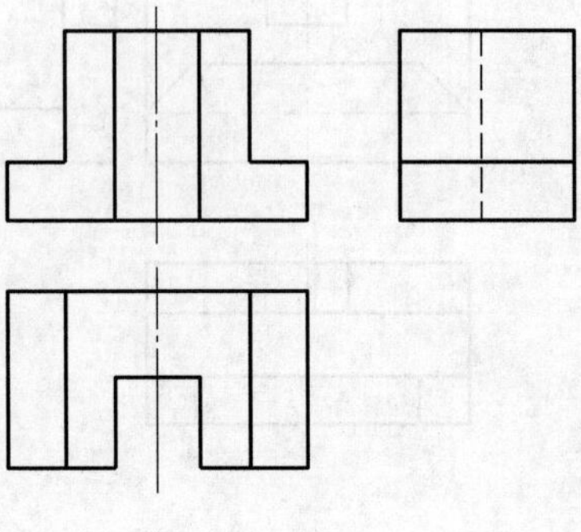

（2）

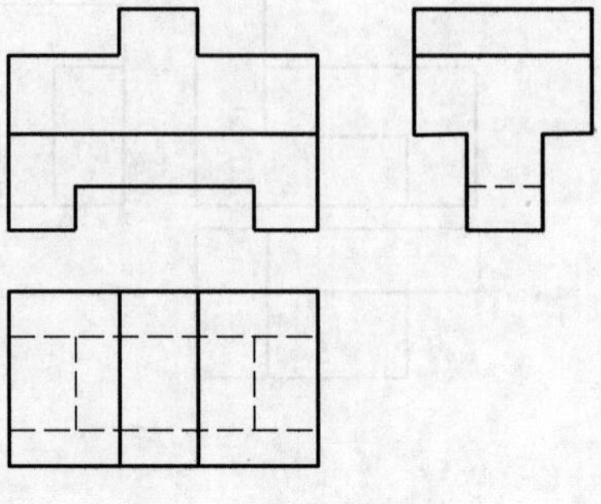

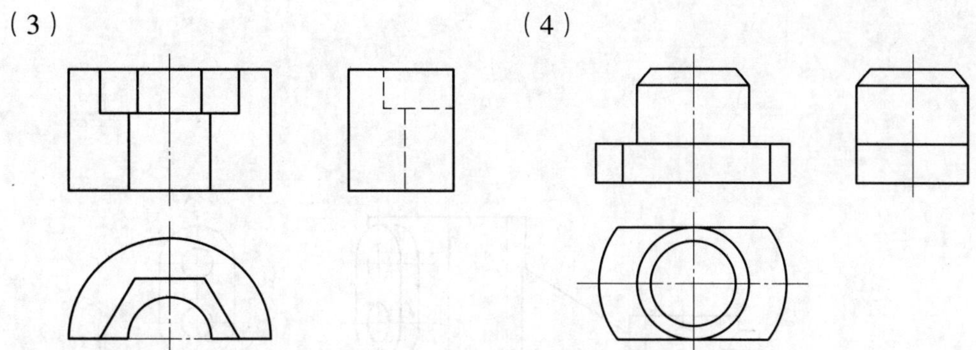

第三章　机械图样的基本表示法

一、视图

1.

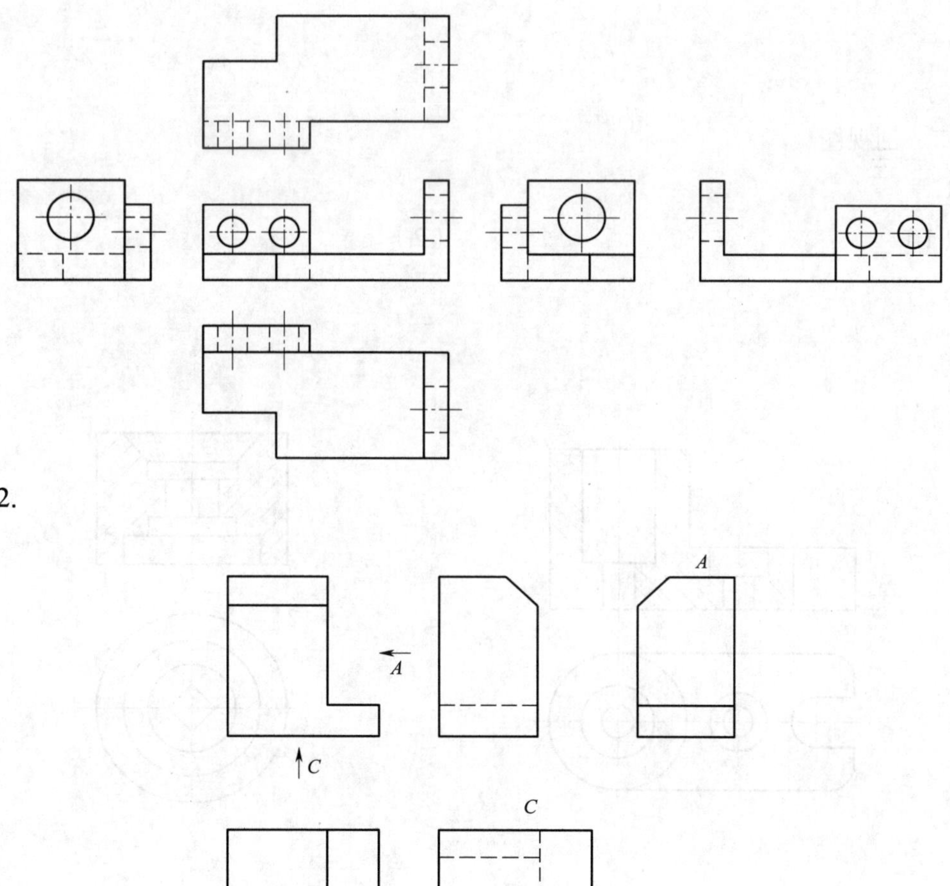

3.

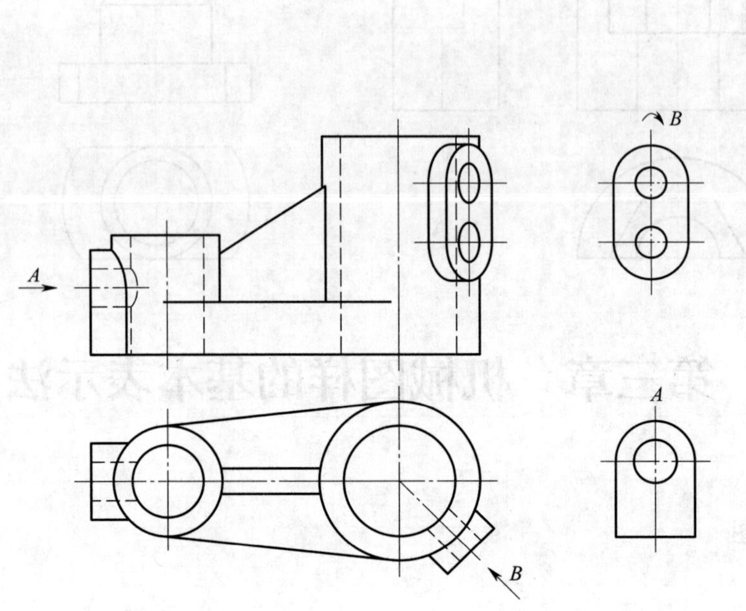

二、剖视图

1.

（1）

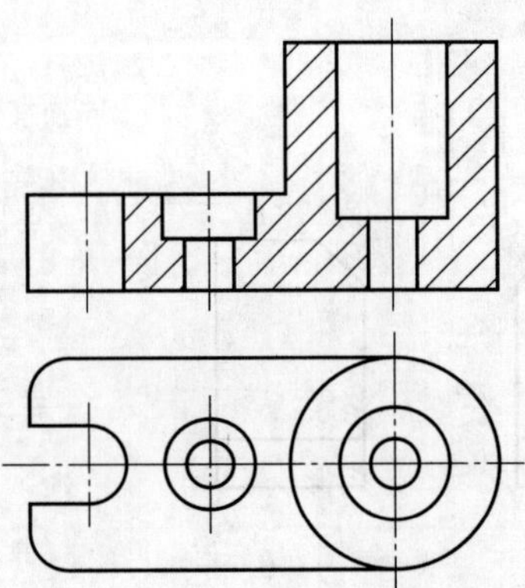

（2）

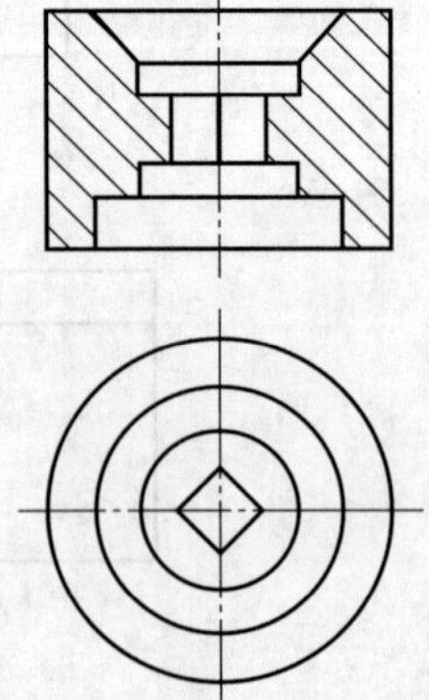

2.

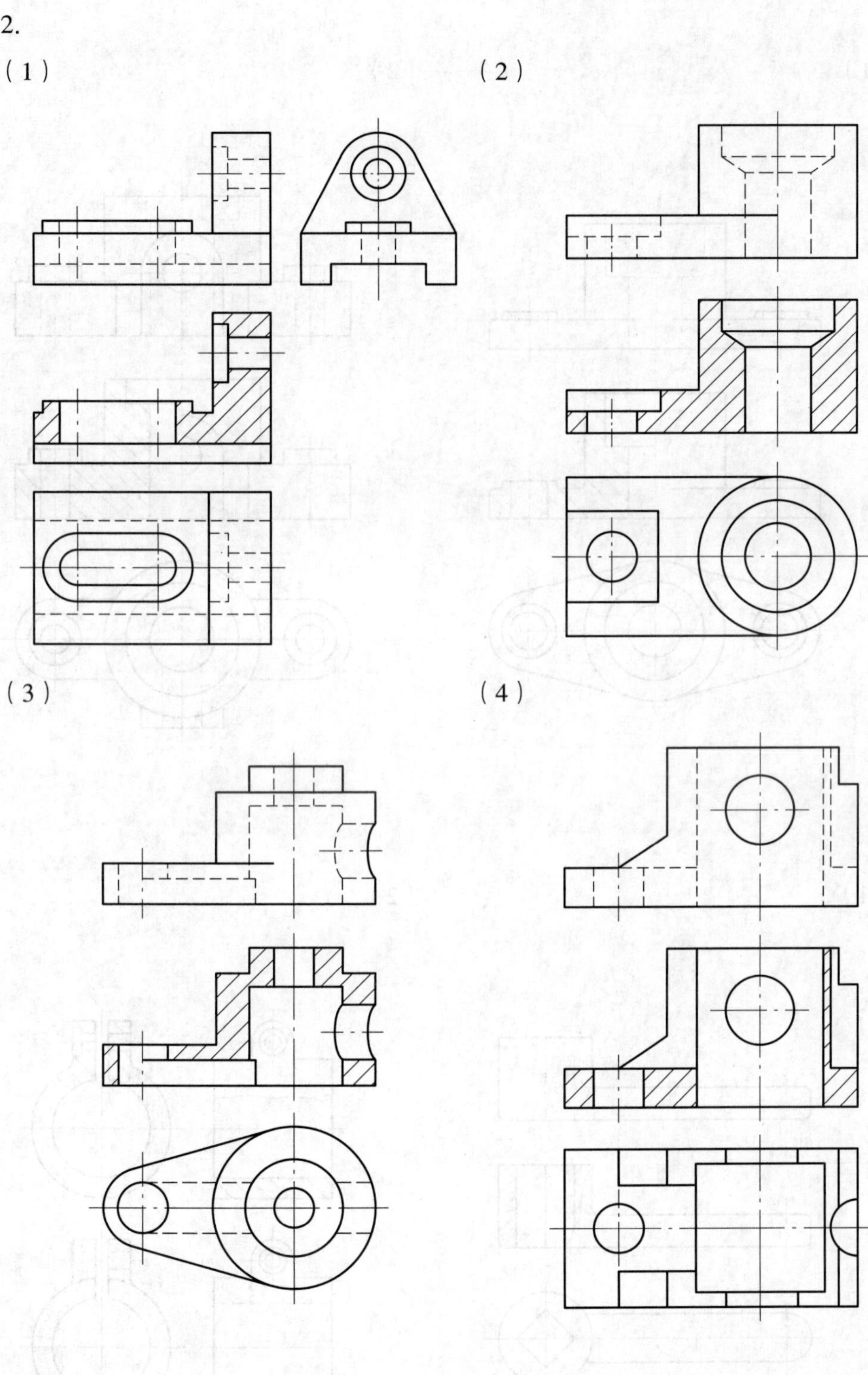

3.

（1）

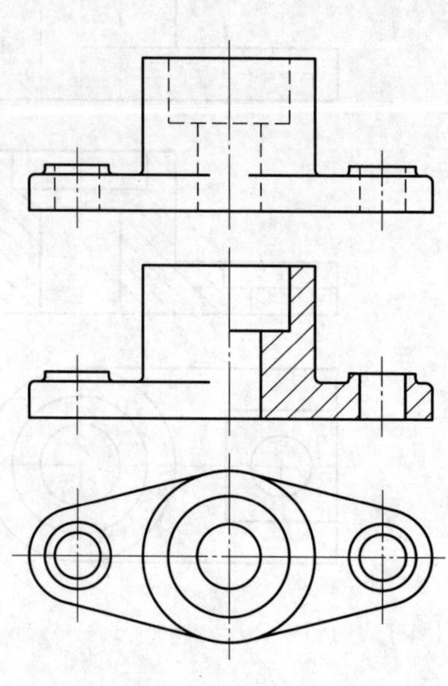

（2）

4.

（1）

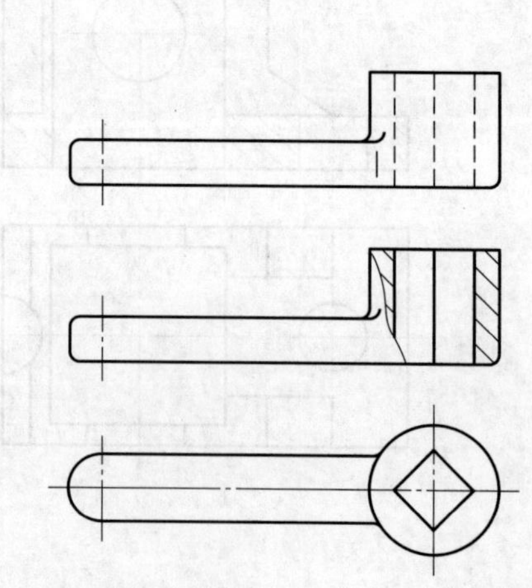

（2）

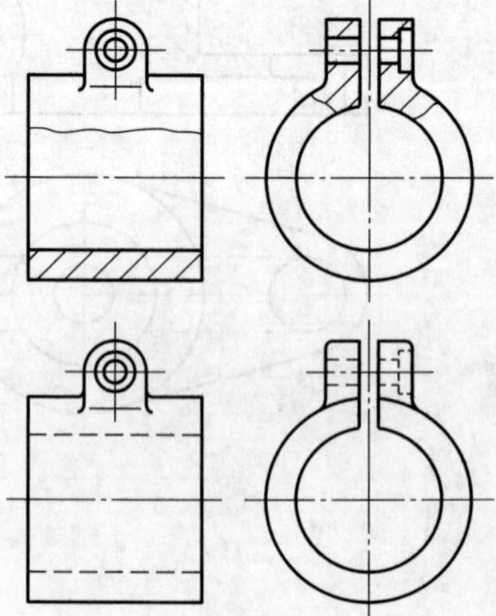

5.

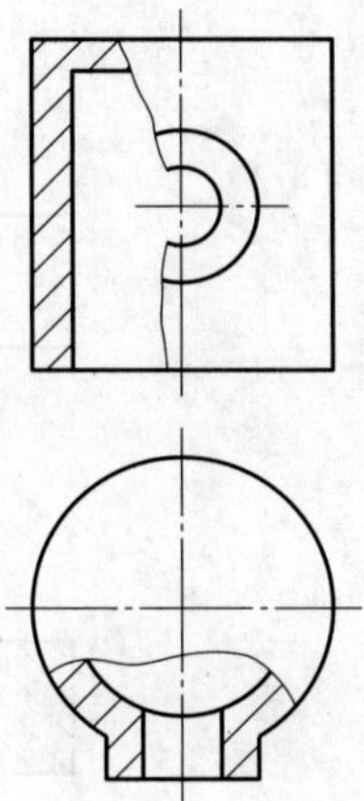

6.

（1）

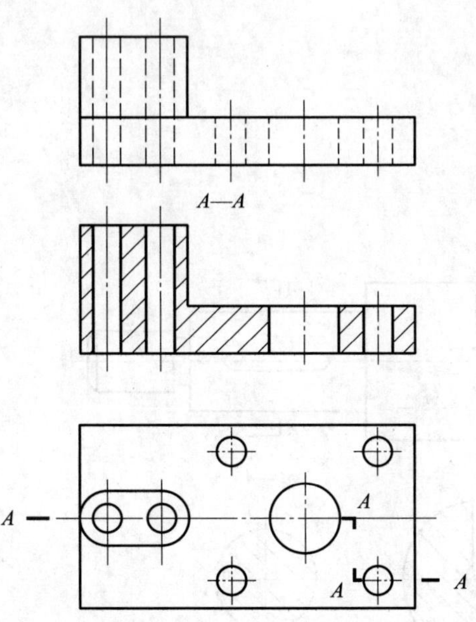

（2）

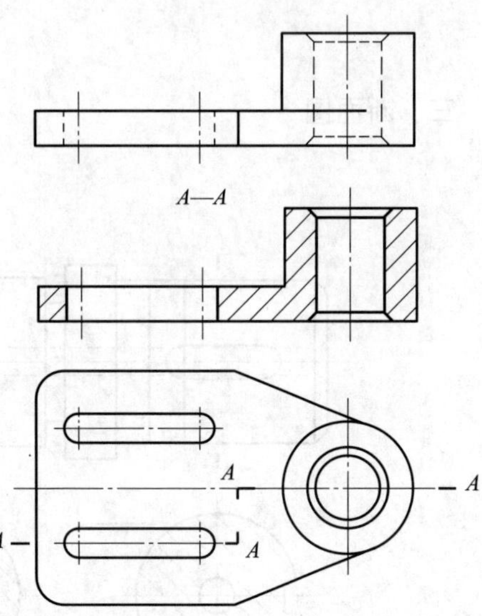

7.

（1）　　（2）

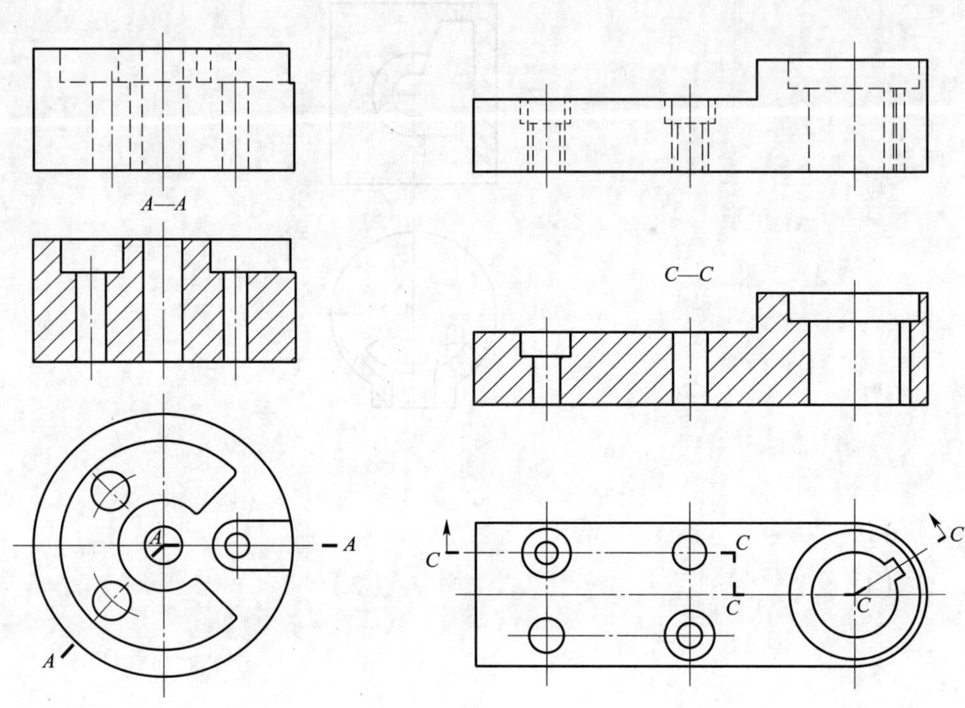

三、断面图

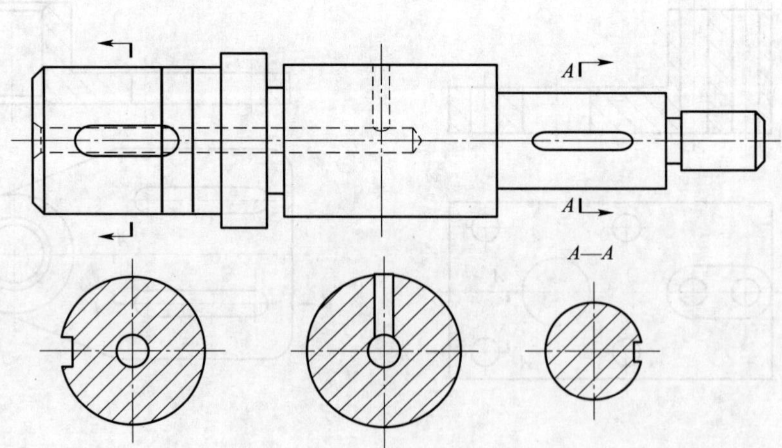

四、其他表示法

（1）　　　　　　　　　　　　　　（2）

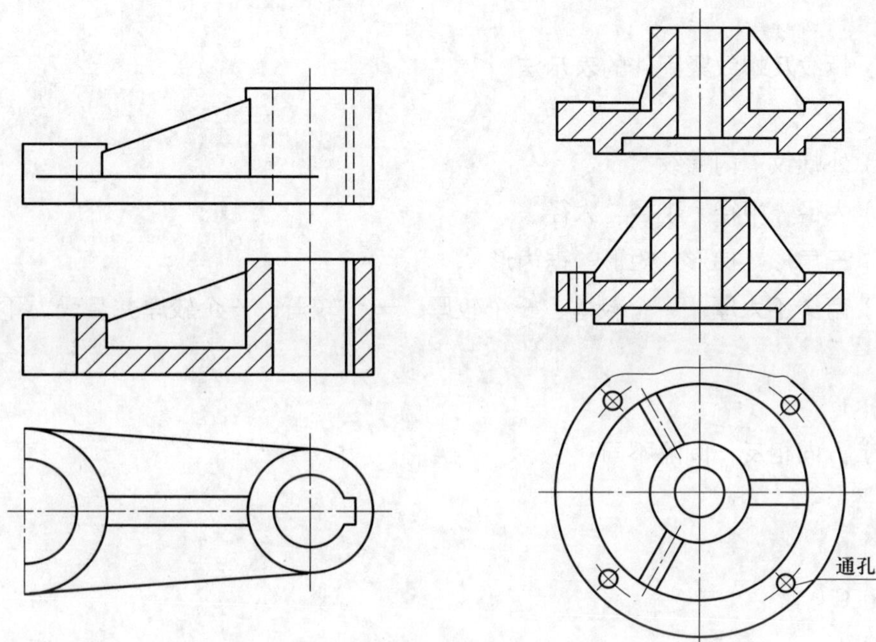

五、根据轴测图画适当的剖视图

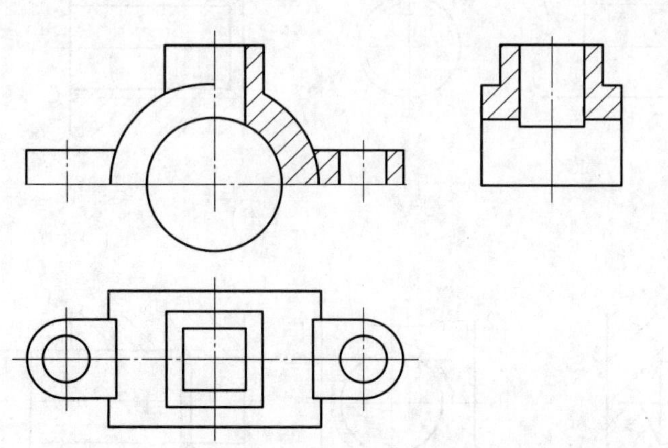

第四章　常用零部件和结构要素的特殊表示法

一、螺纹及螺纹紧固件的表示法

1.

（1）外螺纹　内螺纹

（2）大径　中径　小径　大径

（3）三角形　梯形　矩形　锯齿形

（4）两个不太厚　一个较薄、一个较厚　一个较薄、一个较厚并且受力不大、不常拆卸

（5）1

（6）方向相反　间隔不同

2.

（1）B

（2）C

（3）A

3.

（1）

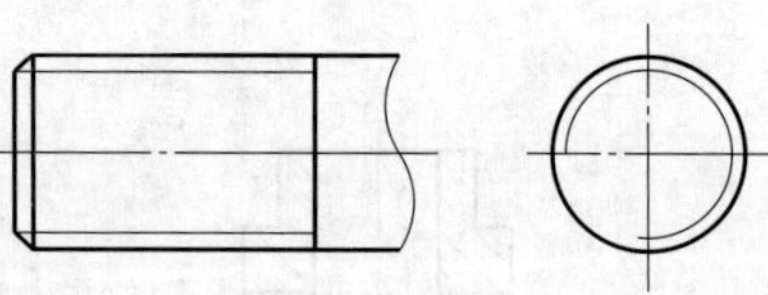

（2）

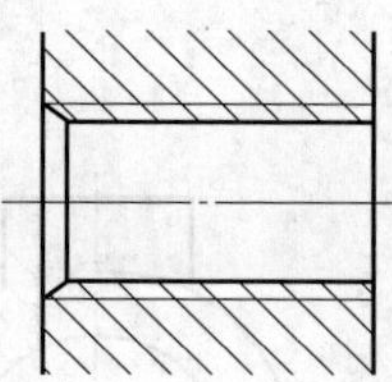

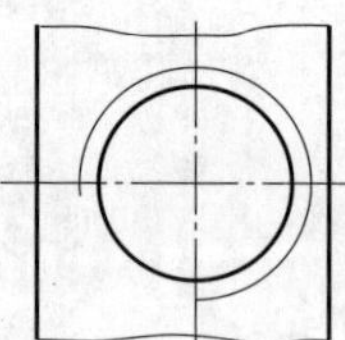

（3）

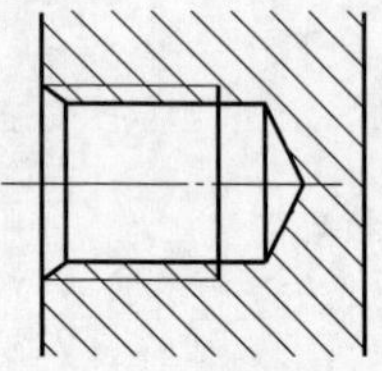

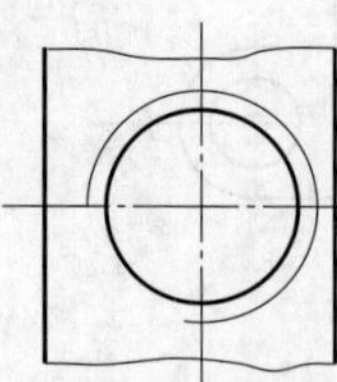

（4）

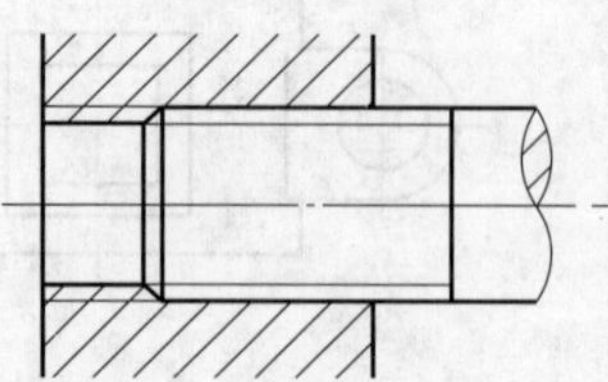

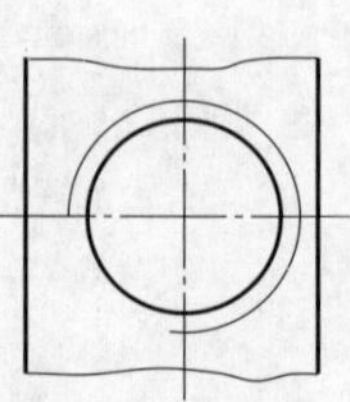

4.

（1）

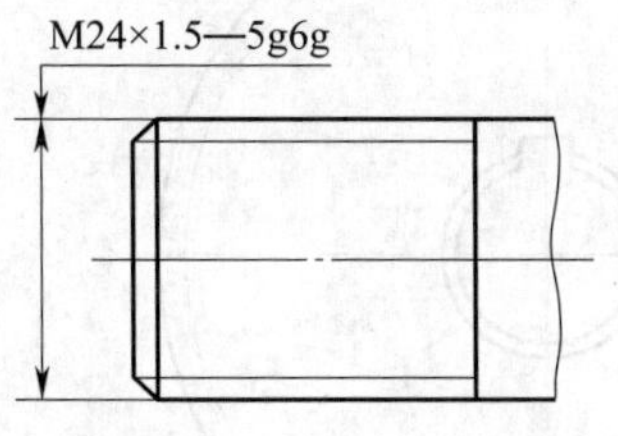

（2）

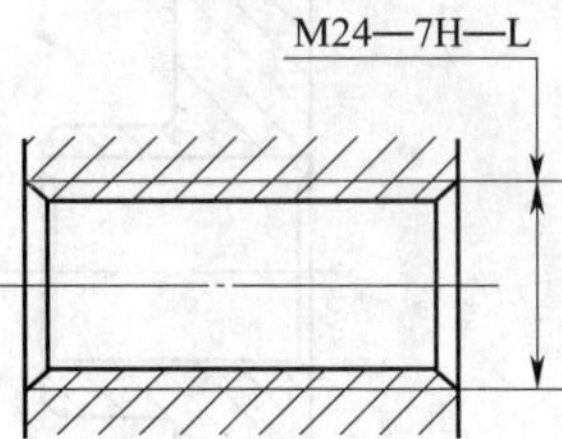

（3）

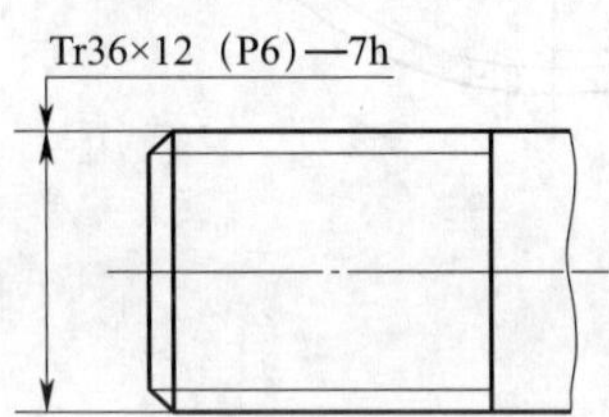

（4）

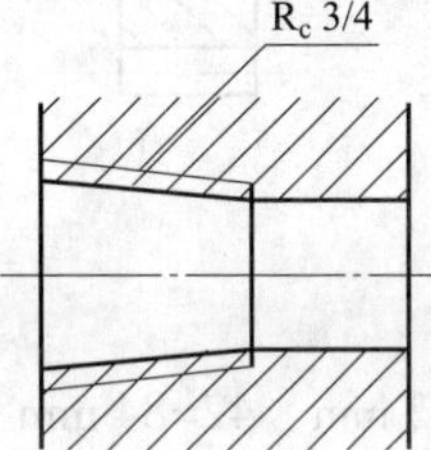

5. 正确的为（3）。

6.

（1）

（2）

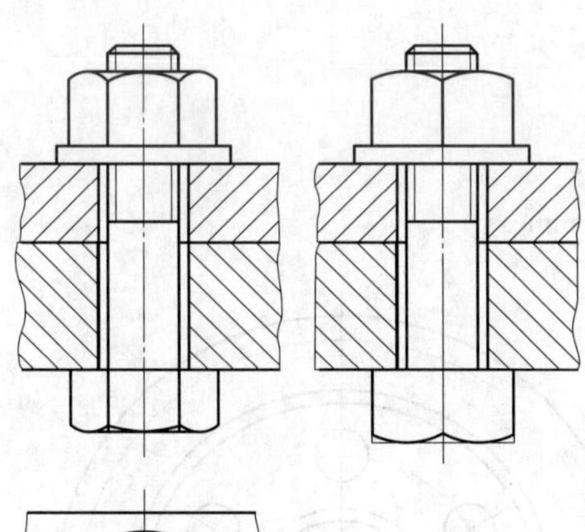

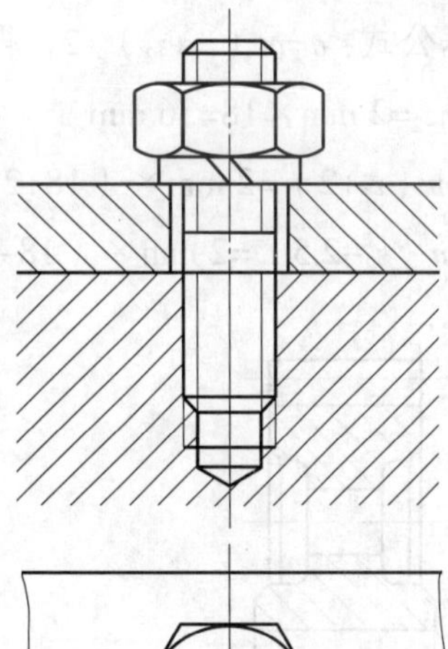

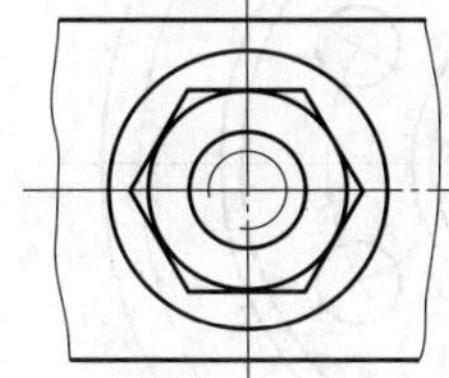

7. 正确的为（1）和（4）。

二、齿轮

1.

$d=mz=$ 3 mm × 30=90 mm

$d_a=m(z+2)$ =3 mm ×（30+2）=96 mm

$d_f=m(z-2.5)$ =3 mm ×（30−2.5）=82.5 mm

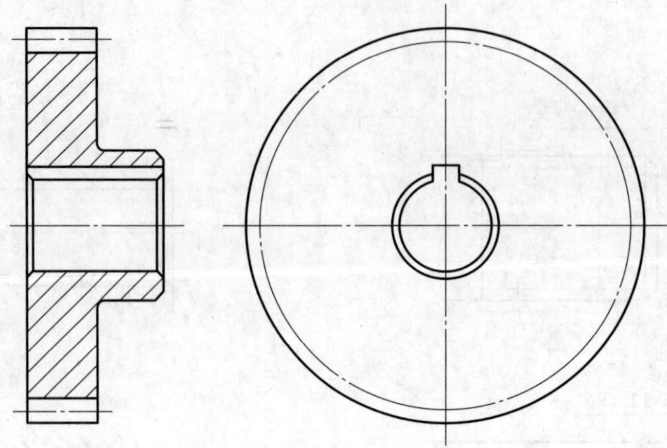

2.

大齿轮：

$d_1=mz_1=2\text{ mm}\times42=84\text{ mm}$

$d_{a1}=m(z_1+2)=2\text{ mm}\times(42+2)=88\text{ mm}$

$d_{f1}=m(z_1-2.5)=2\text{ mm}\times(42-2.5)=79\text{ mm}$

小齿轮：

根据公式：$a=m(z_1+z_2)/2$，得到 $z_2=18$

$d_2=mz_2=2\text{ mm}\times18=36\text{ mm}$

$d_{a2}=m(z_2+2)=2\text{ mm}\times(18+2)=40\text{ mm}$

$d_{f2}=m(z_2-2.5)=2\text{ mm}\times(18-2.5)=31\text{ mm}$

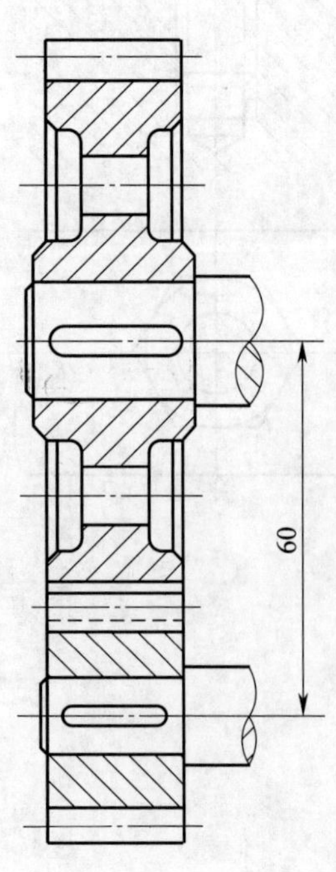

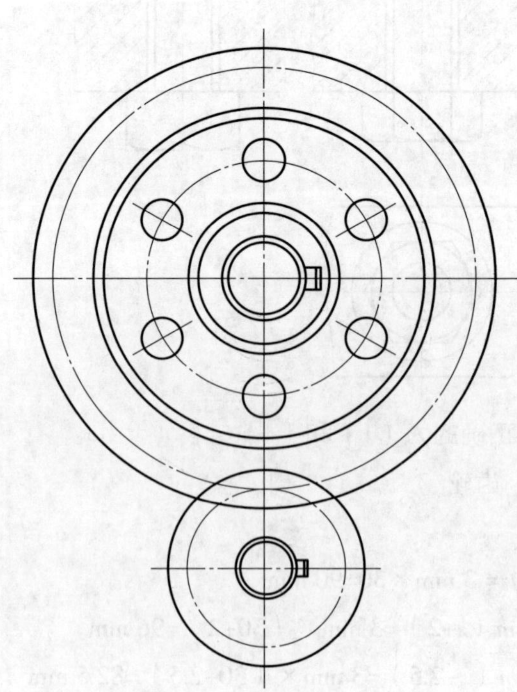

三、键连接

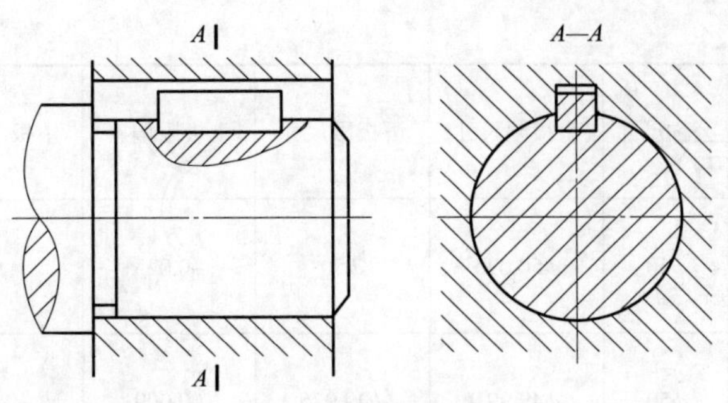

四、滚动轴承

（1）深沟球 轴承　　圆锥滚子 轴承

（2）

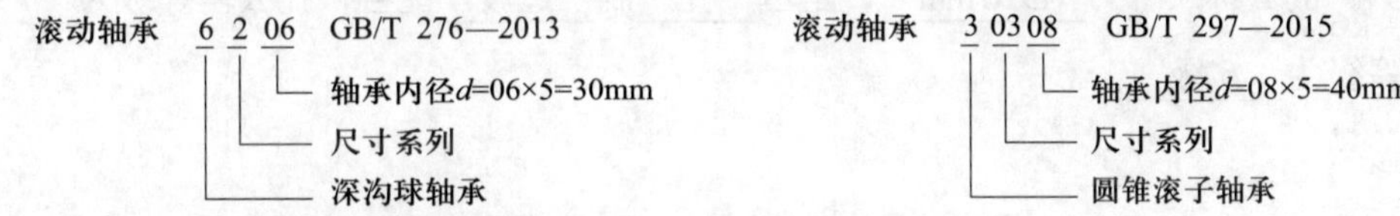

第五章 零件图

一、零件图的尺寸标注

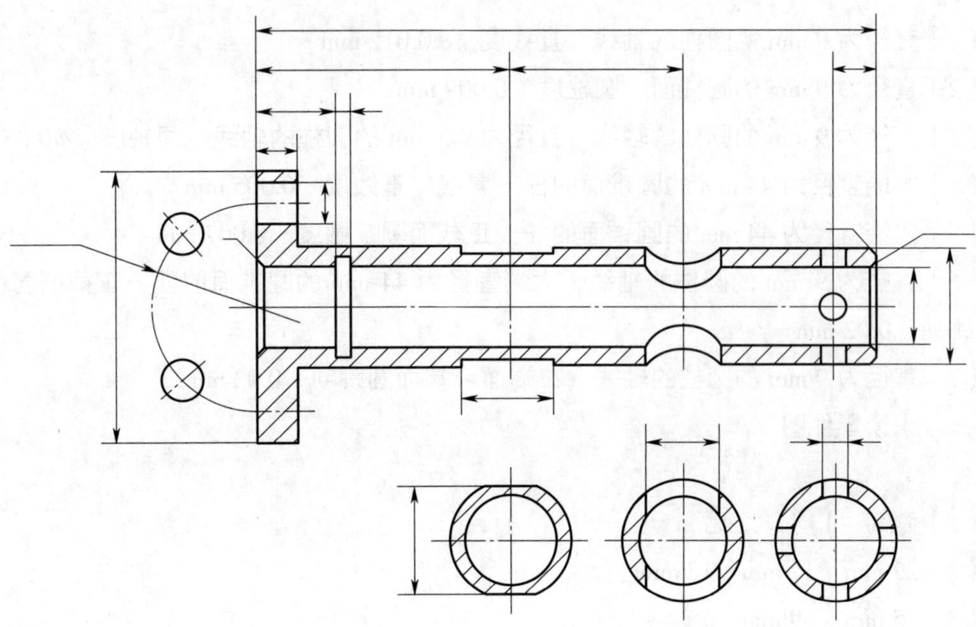

二、零件图的技术要求

1.

配合			公称尺寸	上极限尺寸	下极限尺寸	上极限偏差	下极限偏差	公差	基本偏差
$\phi50\dfrac{H7}{g6}$	孔	$\phi50^{+0.025}_{0}$	$\phi50$	$\phi50.025$	$\phi50$	+0.025	0	0.025	0
	轴	$\phi50^{-0.009}_{-0.025}$	$\phi50$	$\phi49.991$	$\phi49.975$	−0.009	−0.025	0.016	−0.009

2.

$\phi16\dfrac{H7}{k6}$的公称尺寸为 $\phi16$ mm ，是基 孔 制 过渡 配合，孔公差等级为 7 级 ，轴公差等级为 6 级 。

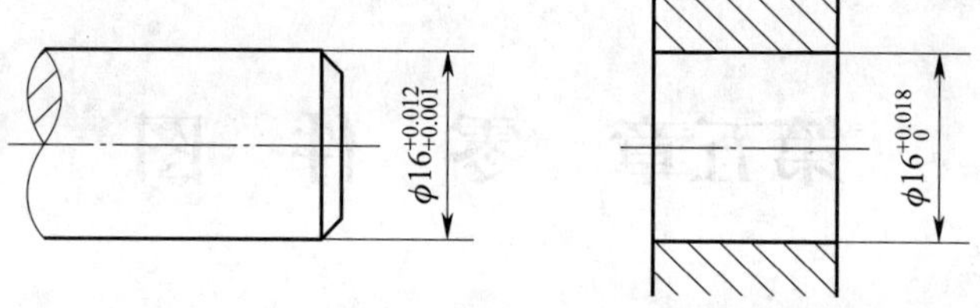

3.

（1）直径为 9 mm 的圆柱的轴线　直线度　$\phi0.012$ mm

（2）直径为 9 mm 的圆柱面　圆柱度　0.009 mm

（3）直径为 9 mm 的圆柱的轴线　直径为 9.3 mm 的圆柱的轴线　同轴度　$\phi0.03$ mm

（4）大端直径为 44 mm 的圆锥面的任一素线　直线度　0.005 mm

（5）大端直径为 44 mm 的圆锥面的任一正截面圆　圆度　0.007 mm

（6）直径为 9 mm 的圆柱的轴线　大端直径为 44 mm 的圆锥面的任一正截面圆　斜向圆跳动　0.02 mm

（7）直径为 9 mm 的圆柱的轴线　左端面　端面圆跳动　0.03 mm

三、识读零件图

1.

（1）套筒　1∶1　之比

（2）22 mm　12 mm　12 mm

（3）15 mm　59 mm

（4）24 mm　22 mm　12 mm　正方　15 mm

2.

（1）主视图　局部　1　为便于清楚地表达该处结构和标注尺寸

（2）M8×1　20 mm　36 mm

（3）球面半径为 750 mm

（4）0.2 μm　50 μm　6.3 μm

（5）ϕ36 mm　ϕ35.66 mm

（6）

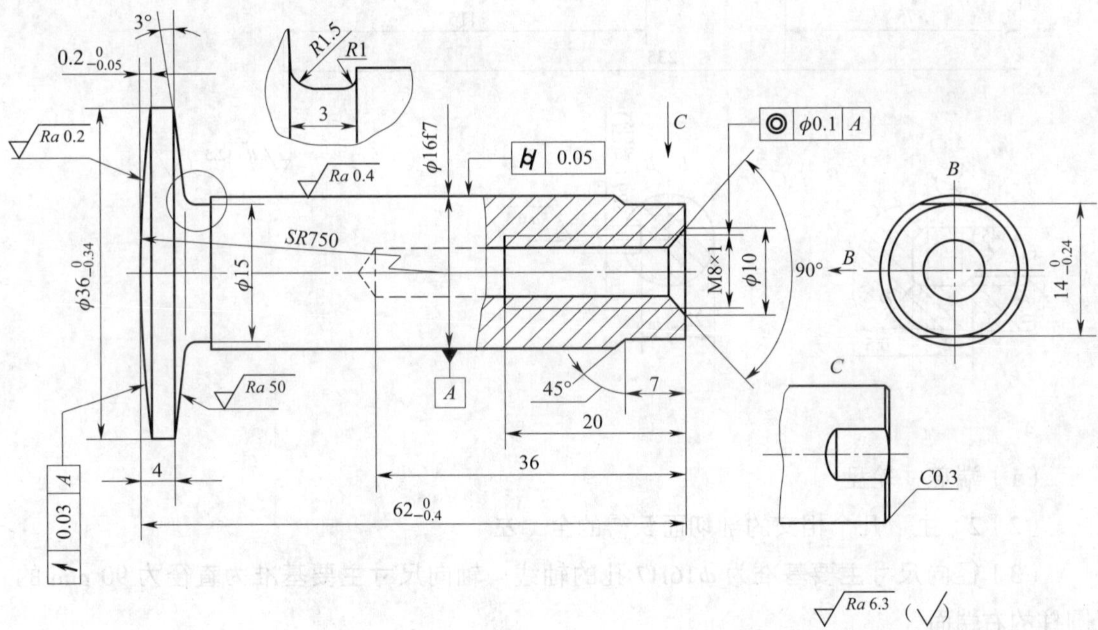

3.

（1）圆柱　轴套　1:1　图形的线性尺寸与实际机件对应要素的线性尺寸之比为 1:1

（2）3　主　局部　移出　局部放大

（3）25 mm　8 mm　4 mm　15 mm

（4）ϕ8×90°　110 mm

（5）退刀槽的宽度为 2 mm，深度为 1.5 mm

（6）160 mm　3.2 μm

（7）ϕ40 mm　0　−0.016 mm　ϕ40 mm　ϕ39.984 mm　0.016 mm

（8）

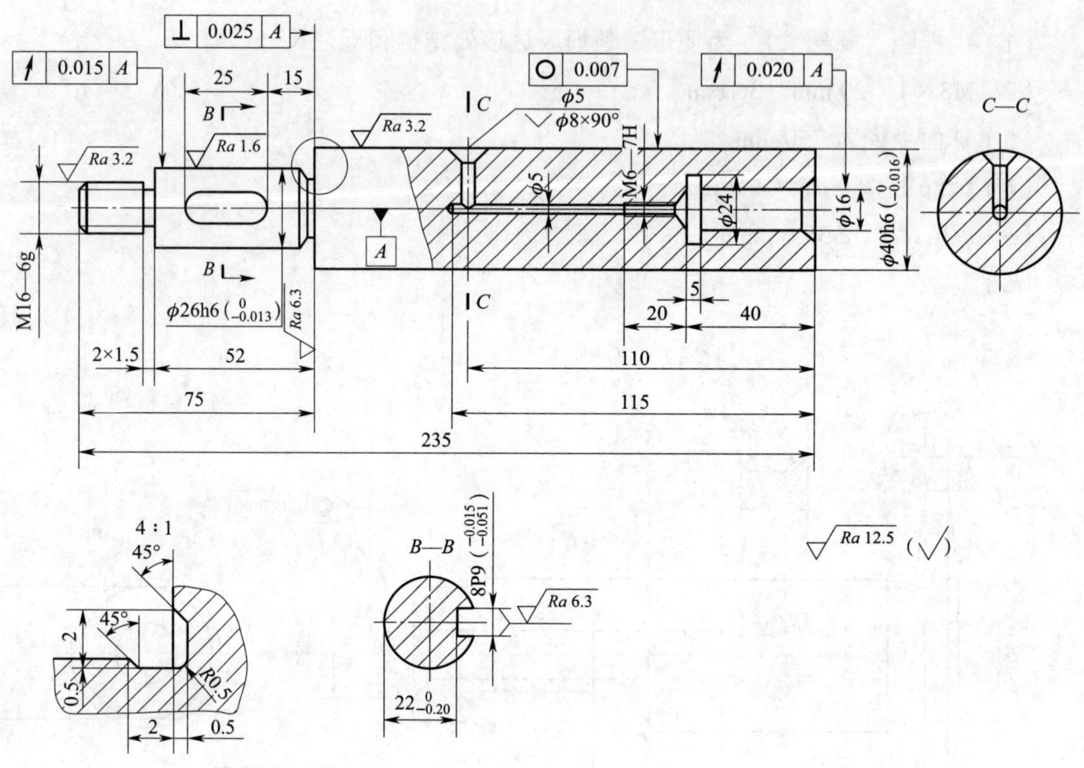

4.

（1）端盖　轮盘

（2）2　主　几个相交的剖切面获得的全　左

（3）径向尺寸主要基准为 ϕ16H7 孔的轴线；轴向尺寸主要基准为直径为 90 mm 的圆柱的右端面

（4）基本偏差　公差等级

（5）12.5 μm　3.2 μm

（6）ϕ16H7 孔的轴线

（7）3　5 mm　10 mm　7H　12 mm

（8）6 个直径为 6.6 mm 的孔和直径为 11 mm、深度为 6.8 mm 的沉孔

5.

（1）HT150　1∶1　叉架

（2）4　局部剖　叉口部分的形状　左视图　B—B 移出断面图　A—A 剖视图　叉架侧面的形状　肋板的结构形状　凸台上锥销孔的形状

（3）长度方向的基本对称平面　ϕ32 mm 圆柱的前端面　ϕ20 mm 孔的轴线

（4）孔的上部　（6 ± 0.015）mm　2.7 mm　3.2 μm

（5）圆柱形　15 mm　20 mm　12 mm　8.5 mm 小孔　ϕ2 mm

（6）十字　6 mm　毛坯面形成的表面粗糙度参数

（7）工作　叉形　支承　带孔的圆柱形

（8）ϕ20.021 mm　ϕ20 mm　+0.021 mm　0　ϕ20H7

第六章　装　配　图

一、了解装配图的作用和内容，并填空

（1）一组图形　必要的尺寸　技术要求　零件序号　标题栏

（2）工作原理　装配关系　连接方式　传动路线　结构形状

（3）规格（性能）　装配　安装　外形　其他重要

（4）装配　检验　调试　使用

（5）拆卸画法　假想画法　夸大画法　简化画法

二、识读装配图

1.

（1）螺旋千斤顶　4　2　全剖画法　局部　假想

（2）螺纹　短圆柱　增加摩擦的

（3）3　旋转

（4）1　4　孔　8　间隙　ϕ16H8　ϕ16f8

（5）紧定

（6）高度　108 mm　140 mm

（7）普通　20 mm

2.

（1）转子油泵　16　3　9　10　12　13　14　15　16

（2）螺栓　螺母 12　键 9

（3）ϕ14K7/h6　销 3

（4）2　6　轴　孔为 8 级、轴为 7 级　间隙　1　2　孔　孔为 7 级、轴为 6 级　过盈

（5）105　128　77.5　相对位置

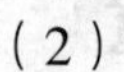

第七章 展 开 图

一、线段实长的求法

（1）

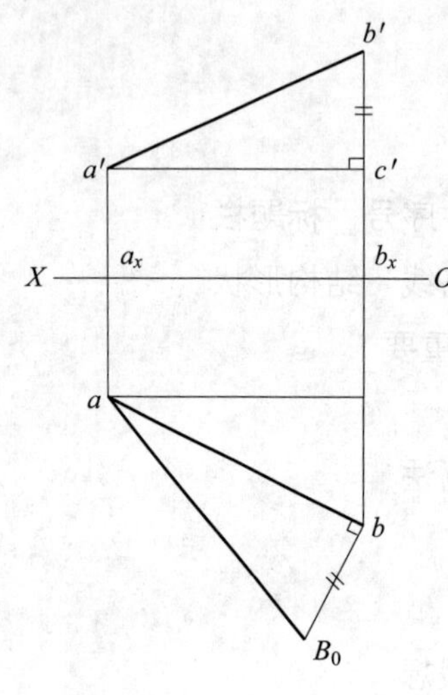

（2）

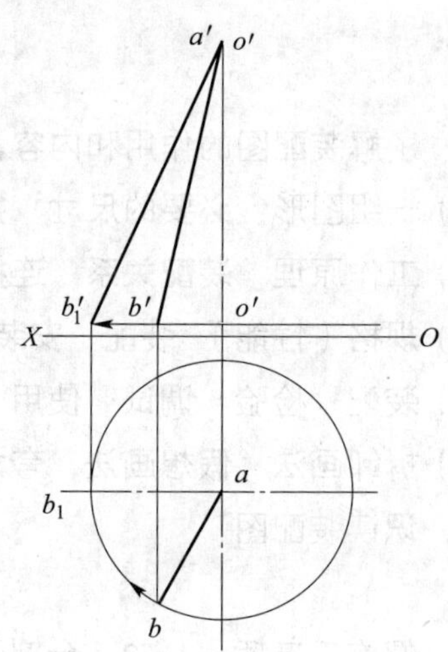

二、柱体的展开

1.

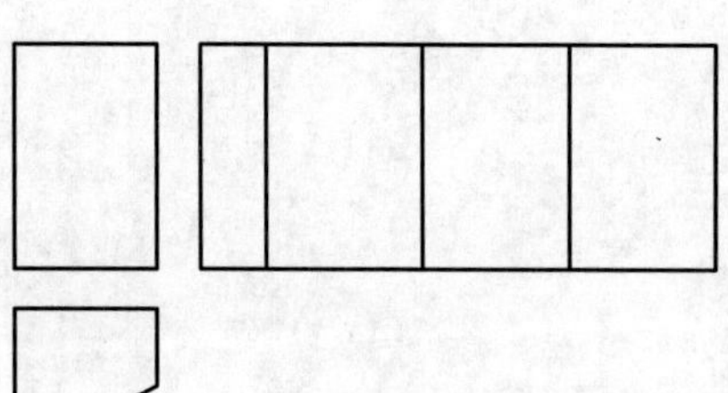

2.

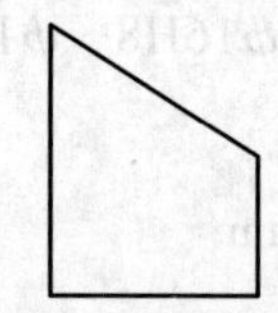

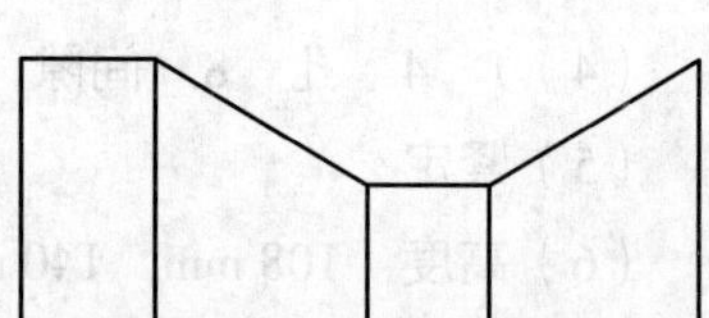

3.

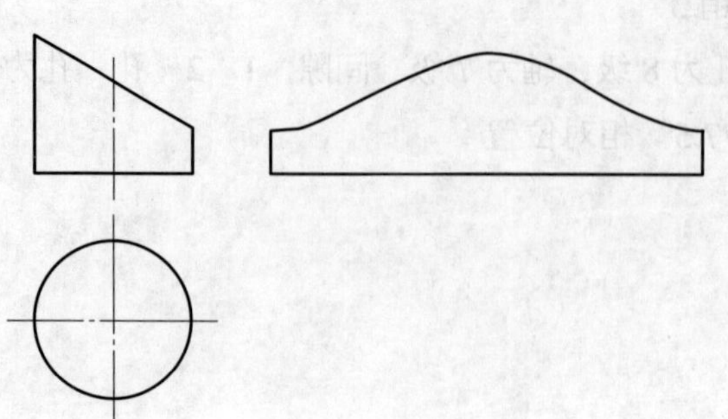

4.

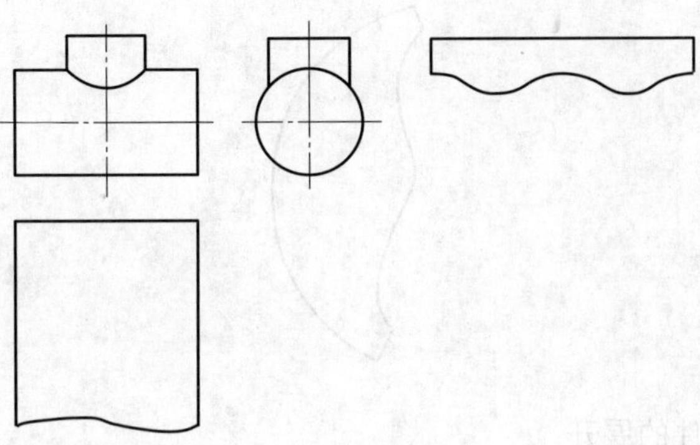

5.

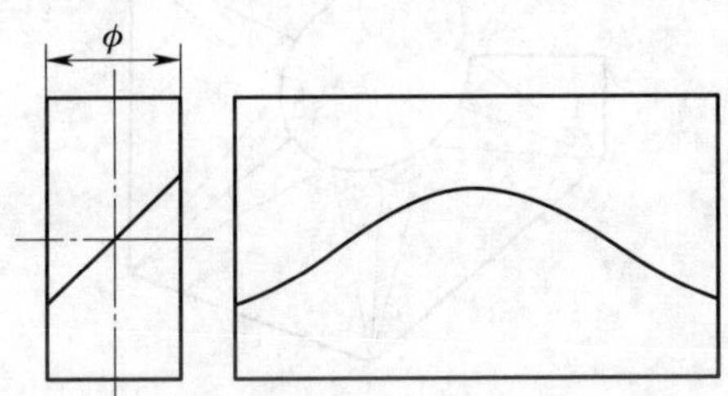

三、锥体的展开

1.

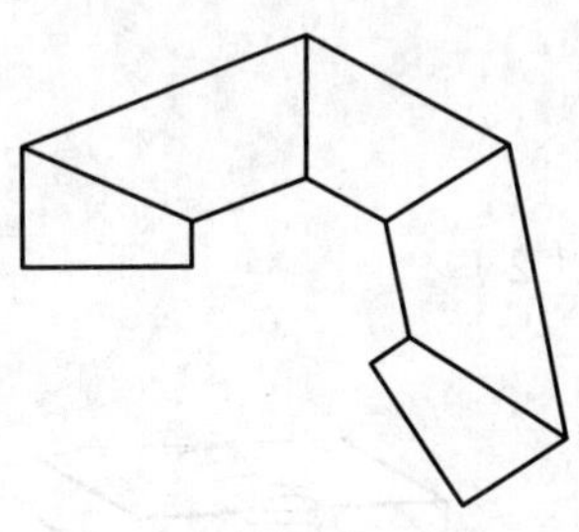

2.

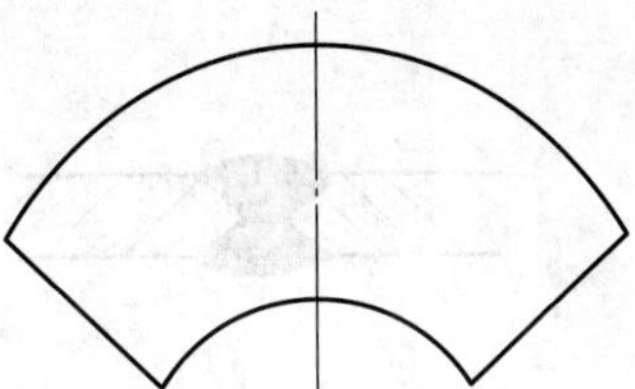

3.

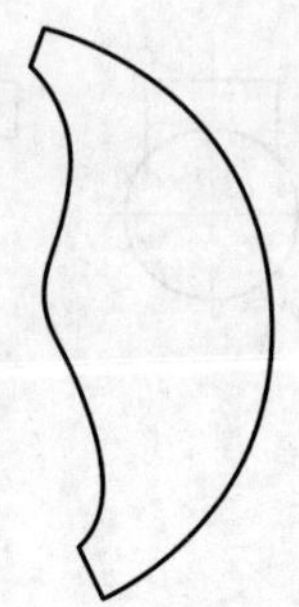

四、上圆下方构件的展开

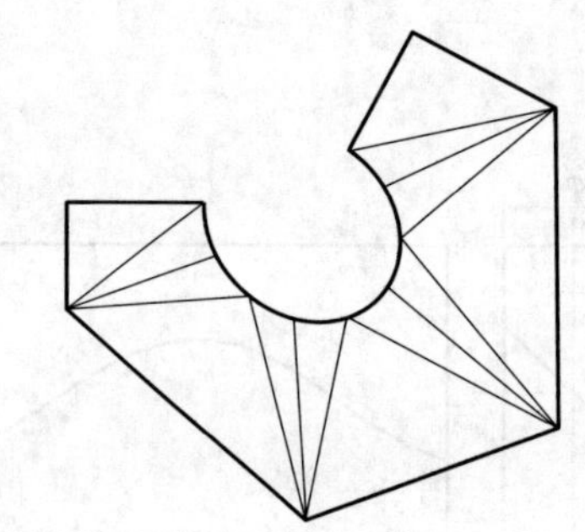

第八章　焊　接　图

一、焊缝的表示方法

（1）

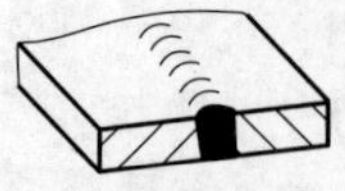

（2）

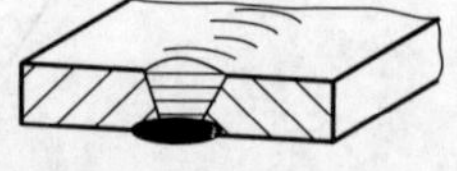

（3）

（4）

（5）

（6）

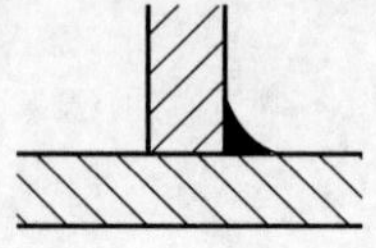

二、焊缝的标注方法

1.

（1）

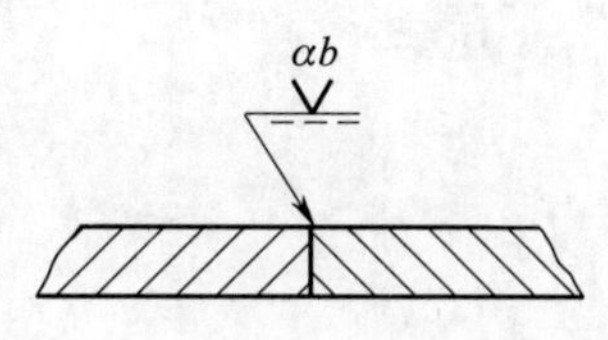

（2）

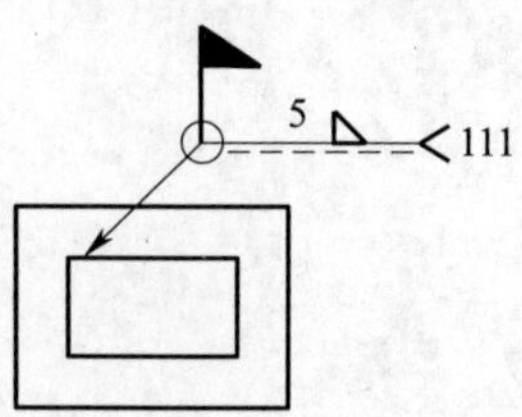

（3）

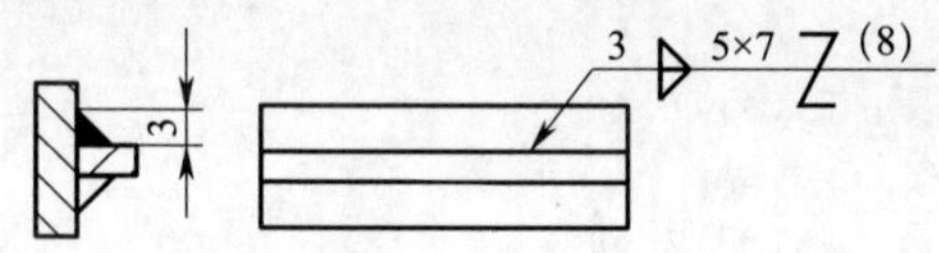

（4）

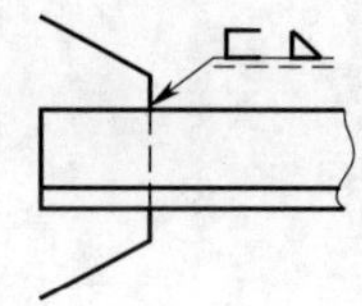

2.

（1）手工电弧　V形　60°　3　10　15 mm

（2）右　角　3 mm　凹

（3）角　10 mm　6　焊缝长度　断续焊缝间距

（4）现场　角　8 mm　2

三、识读焊接图

（1）挂架　4　立板　横板　肋板　圆筒

（2）5　立板　横板　立板　圆筒　立板　肋板　肋板　横板　肋板　圆筒

（3）环绕焊件周围的角焊缝，焊脚尺寸为 5 mm

（4）有 5 条断续双面角焊缝，焊脚尺寸为 5 mm，焊缝长度为 10 mm，断续焊缝间距为 8 mm